KB039892

사육 교과서 시리즈

도마뱀붙이 교과서

—— How to keeping New Caledonian gecko *"Racodactylus"*

기초 지식부터 사육·번식 방법과
도마뱀붙이종류 소개

Prologue

Create New Pet!

모든 파충류를 위한 섬 GECKODONIA

게코를 좋아하세요?
입양을 보낸, 그리고 입양한 우리 게코는 건강할까?
게코도 사람처럼 족보나 주민등록증이 있으면 어떨까? 하는
질문과 함께 두 오타쿠의 게코도니아 프로젝트가 시작되었습니다.

〈게코도니아 프로젝트는〉

성장 중인 파충류 반려 시장을 혁신하기 위해
IT 기술로 구축한 파충류 ID 체계를 통해
인브리딩으로 인한 동물 윤리 문제를 해결하고
파충류 전문 의료 기술로 쉽고 간편한 건강검진 서비스를 제공합니다.
우리는 지금까지 없던 파충류 토털 서비스 플랫폼을 구축하고자
매일 한발 한발 나아가고 있습니다.

〈 의외로 기르기 쉽고 생각보다 귀여운 도마뱀 〉

파충류 반려시장의 가파른 성장세에 비해
여전히 일부 애호가의 만너문화라는 이미지가 남아있고
그만큼 널리 알려지지 않아
보다 많은 사람들이 파충류 반려의 즐거움을 알고
함께하기를 바라는 마음으로 이 책을 번역 출판하게 되었습니다.
앞으로도 번역서뿐만 아니라
오리지널 사육·모프 가이드, R&D 연구노트 등
다양한 정보를 쉽고 재미있게 전달해 드릴 예정이오니
게코도니아와 함께 새로운 파충류 반려 라이프를 누려보세요.

lovely
"Racodactylus"

대부분이 느긋한 성격인 도마뱀붙이
핸들링을 받아 주는 아이가 많고 표정도 다양합니다.
매일 돌보면서 애정을 듬뿍 주세요.

다양한 컬러와 무늬를 자랑하는 도마뱀붙이.
같은 종이라도 각자 개성이 있어
나만의 도마뱀붙이를 선택하는 즐거움이 있습니다.

charming

"Racodactylus"

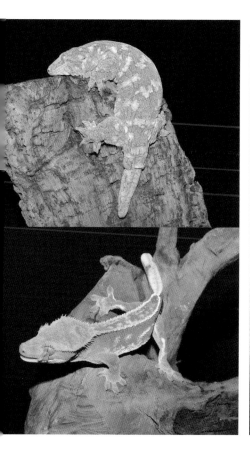

사진제공 타지타지 (모델: 곤냐쿠)

CONTENTS

도마뱀붙이 기초지식

| B a s i c s   o f   *" R a c o d a c t y l u s "* |

우선 대략적인 기초지식부터 시작합니다.
이제 꽤 익숙해진 반려동물임에도
의외로 기본적인 것을 모르는 분들이 많이 계실 듯합니다.
최근 업데이트된 분류도 포함해 소개해 드리겠습니다.
책이나 인터넷을 통해 얻을 수 있는 정보도 많지만,
그 정보는 과연 정확할까요?
정보량이 많은 분야야말로 '소문' 과 '정보' 를 제대로 가려야 합니다.

LESSON
01

사육의 매력

재패니즈 게코는 움직임이 민첩하고 스킨십을 좋아하지 않습니다.

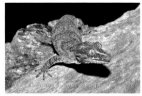

이번에 소개하는 도마뱀붙이 친구들은 모두 주로 나무 위에서 서식하는 '교목성' 도마뱀이다. 일본의 사육자 사이에서는 '카베쵸로[벽(카베)에 붙어 쪼르르(쵸로쵸로) 돌아다녀 얻게 된 별명]'로 불리기도 하며, 일본 혼슈 지역에서 흔히 볼 수 있는 도마뱀(재패니즈 게코)도 그중 하나다. 이러한 '카베쵸로' 아이들은 기본적으로 움직임이 민첩하며 스킨십을 잘 하지 않는 개체가 많다. 그러나 도마뱀붙이는 대체로 느긋한 성격을 가진 개체가 많

아 도마뱀을 처음 만지는 사람도 조금만 연습하면 충분히 손 위에 올려놓고 놀아줄 수 있고, 익숙해지면 몸 위에 올려놓은 상태에서 집안일을 할 수 있을 정도다. 필자는 파충류와의 스킨십을 적극적으로 추천하지는 않는다(오히려 다소 부정적이다). 다만, 도마뱀붙이 관련해서는 필자도 첫 사육 시 크레스티드 게코(볏도마뱀붙이)와의 스킨십을 충분히 즐겼기 때문에 누그러지게 된다. 그만큼 '스킨십' 측면에서도 매력적인 아이들이다.

LESSON

02

시작하며
(도마뱀붙이란?)

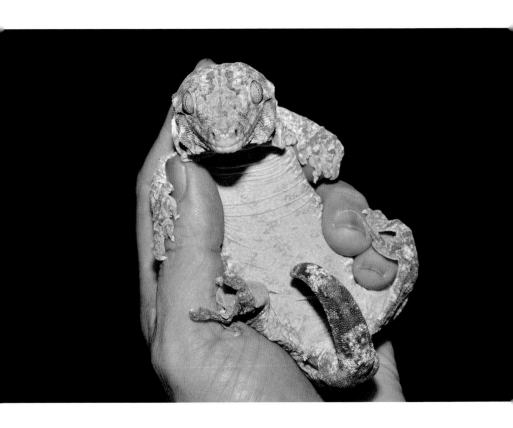

도마뱀붙이 친구들은 전 세계에서 뉴칼레도니아섬 및 그 주변 섬에서만 서식하는 교목성(주로 나무 위에서 생활) 도마뱀이다. 주로 야행성인데 낮 시간대에 활동하며 일광욕을 한다고도 알려져 있다. 식성은 전반적으로 육식(동물식) 경향이 강한 잡식성으로, 곤충식과 과일을 비롯해 꽃의 꿀이나 소형 포유류 등도 즐겨 먹는다고 알려져 있다. 반려동물로서의 역사는 레오파드 게코에 비해 짧은 편이지만, 특히 최근 2015~2020년 들어 빠른 속도로 늘어나 메이저 종으로서의 사육 방법이 확립되었다고 할 수 있다.

도마뱀붙이 중 가장 많이 유통되고 사육자가 많은 종은 단연코 크레스티드 게코일 것이다. 이는 일본뿐만 아니라 전 세계 공통이라고 생각한다. 실제로 미국, 유럽의 파충류 쇼(Reptiles Show)에 방문해도 크레스티드 게코 출품률은 월등히 높으며, 레오파드 게코가 육지성 도마뱀 중 No.1 에이스라면, 교목성 도마뱀 에이스는 크레스티드 게코라고 할 수 있다.

물론 레오파드 게코나 크레스티드 게코가 아닌 다른 종들도 모두 '주연급' 매력을 지니고 있으며, 이들을 키우고 싶어 하는 사람도 많다. 다만, 어떤 종이든 시 수년 전에 비해 유통량도 사육자도 증가했으나, 가격 문제와 유통량이 적다는 점(=번식이 어려움) 등으로 인해 선뜻 사육에 나서지 않는 사람도 꽤 많은 것으로 보인다.

필자 혼자서 가격이나 유통량 문제를 근본적으로 해결할 수는 없지만, 사육 문제로 망설이는 사람이 있다면 조금이라도 이 책이 도움이 되기를 바란다. 실제로 이번에 소개하는 도마뱀붙이 8종은 식성에서 약간의 차이를 보이긴 해도, 사육 방식은 유사하다. 대략적이긴 하지만, 어떤 종이든 한 가지 종을 키울 수 있다면 다른 종도 사육할 수 있다고 봐도 무방하다. 모두가 인정하는 에이스인 크레스티드 게코를 선택할지, 나만의 에이스를 발견할지, 아니면 모든 종을 섭렵할 것인지. 종류는 적어도 재미 요소는 많은 친구들이다.

03

분류와 생태

계속해서 '도마뱀붙이 친구들'이라고 언급하는 의도가 있다. 얼마 전까지만 해도 '도마뱀붙이속' 혹은 예전부터 불린 이름인 '라코닥틸스'(도마뱀붙이속의 학명인 *Rhacodactylus*에서 온 이름)로 적으면 되었으나, 최근 더욱 분류가 늘어나 '도마뱀붙이속(*Rhacodactylus*)'에 해당하는 종류는 단 4종이 되고 그 외에는 '볏도마뱀붙이속(*Correlophus*)', '차화도마뱀붙이속(*Mniarogekko*)'으로 세분화되었다. 어떤 종류가 어디에 속하는지는 뒤에 나올 종별 해설을 참고하길 바란다. 바뀌기는 했으나 아직 볏도마뱀붙이속을 '라코닥틸스(통칭 라코닥)'라고 불러도 통하기는 할 것이다. 물론, 엄밀히 말하면 틀린 이름이지만, 대화가 통한다면 문제없고, 그저 사육을 즐기는 사람은 애초에 분류에 관해 생각할 필요가 없다고 생각하므로, '뉴칼레도니아섬에서 서식하는 재미있는 도마뱀 친구들' 정도로만 기억한다면 충분하다. 분류보다 더욱 중요한 본래 서식지(국가)를 기억해 주었으면 하는 마음이다.

앞서 언급했는데, 모든 종이 뉴칼레도니아 본섬과 주변 섬의 완전한 고유종이며, 타 국가에 유입되었다는 사례도 보고된 바가 없다. 이렇게나 닮은 도마뱀 친구들이 좁은 범위에서 서식하는데 생활권이나 먹이가 겹쳐 문제가 발생하지는 않을까? 라고 생각할 수도 있으나, 역시나 각자 약간의 '개성'이 있다. 특히 식성은 생각보다 차이가 있으므로 사육, 그리고 특히 번식을 목적으로 하는 경우 참고하면 좋다. (종별 해설 부분에 별도 내용 있음)

'도마뱀붙이친구들'의 분류

툴도마뱀붙이과
Diplodactylidae

볏도마뱀붙이속
Correlophus
- 벨레펜시스 — C. belepensis
- 크레스티드 게코 — C. ciliatus
- 사라시노룸 게코 — C. sarasinorum

차화도마뱀붙이속
Mniarogekko
- 차화 게코 — M. chahoua
- 잘루 게코 — M. jalu

리치도마뱀붙이속
Rhacodactylus
- 가고일 게코 — R. auriculatus
- 레서 러프스나우트 자이언트 게코 — R. trchycephalus
- 러프 스나우트 자이언트 게코 — R. trachyrhynchus
- 리키에너스 게코 — R. leachianus — R. l. leachianus / R. l. henkeli

▼ 가고일 게코

▼ 리키에너스 게코

▼ 러프스나우트 자이언트 게코

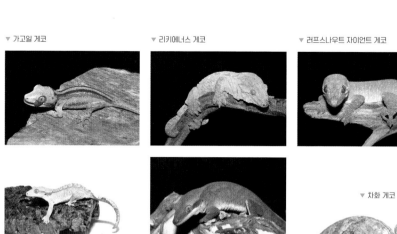

▲ 크레스티드 게코

▲ 사라시노룸 게코

▼ 차화 게코

LESSON 04

뉴칼레도니아의 기후에 관해

우리가 흔히 뉴칼레도니아 하면 떠올리는 이미지는 기온이 높은 '항상 여름인 리조트' 같은 곳이다. 현지 기후 파악은 성공적인 사육에 큰 도움이 되므로, 사육 전에 도마뱀붙이의 서식지 기후를 미리 다루고자 한다.

뉴칼레도니아는 오스트레일리아의 동(동북동)쪽 약 1,200km에 위치한 열대기후 지역으로, 일본처럼 사계절이 뚜렷하지는 않으나 우기와 약간의 기온 차는 있다. 우기는 일본의 겨울에 해당하는 1~3월경으로, 강우량이 많아 본섬의 산간부에는 연간 강수량이 약 4,000mm 이상일 때도 있다고 한다 (일본은 약 1,700mm). 그때는 계절도 여름이고 기온이 가장 높은 시기이기도 하다. 그러나 여름이라고 해도 일본처럼 35℃까지 올라가는 일은 거의 없고, 평균 최고 기온은 약 28~29℃,

최저기온은 약 22~23℃이다. 평균 최고 기온이 약 22~23℃, 최저는 16~17℃다. 이렇게만 보면 항상 여름 날씨인 리조트 라고는 말하기 어렵다. 확실히 일본만큼 의 온도 차는 없는, 비교적 온난한 기후이 긴 하나 겨울엔 약 13~14℃ 정도로 떨어 지기도 한다. 물론 해발고도나 주위 환경 에 따라 좌우되겠지만, 면적이 약 일본의 시코쿠섬 크기밖에 안 되기 때문에 지역

차는 거의 없다고 볼 수 있다.

이렇게 보니 어떤가? 앞으로 뉴칼레도 니아의 도마뱀을 키우는 데 있어서 이 내 용을 보고 조금이나마 생각이 바뀐 사람 도 있을 것이다. 이제부터 다룰 사육환경 해설에서 자세히 설명하겠지만, '레오파 드 게코의 연장선'이라고 생각했던 사람 이 있다면 완전히 리셋해 주기를 바란다.

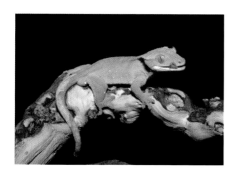

05

신체

모든 도마뱀붙이의 피부 느낌은 매우 특징적이다. 까끌까끌하지도 않고 물론 매끈매끈하지도 않은… 정확히 설명하기 어렵지만, 중독성 있는 촉감임은 틀림없다. 특히 리키에너스는 무게감까지 더해져 촉감을 즐기기 위해 키우는 마니아도 많다고 할 수 있다. 만지면 바로 찢어질 것 같은 느낌도 들지만, 어지간히 세게 쥐지 않는 이상 괜찮다.

기본적으로 어떤 종이든 대부분의 교목성 도마뱀과 마찬가지로 발가락과 꼬리 끝이 강모로 덮여 있고, 이러한 특수 기관에서 반데르발스 힘이 발생해 반들반들한 벽에도 달라붙을 수 있다. 발톱은 얼핏 보면 잘 발달하지 않은 것처럼 보이지만, 특히 가고일 게코는 의외로 튼튼한 발톱을 지니고 있어, 인간의 피부 위를 걸을 때 아플 정도로 따갑기도 하다.

이는 다른 발톱이 있는 생물도 마찬가지이지만, 사람에 따라서는 발톱이 있는 생물이 지나간 흔적이 가려움을 유발할 수도 있으므로(아토피성 피부염이 원인이라는 설도 있음), 피부가 민감한 사람은 주의해야 한다.

꼬리는 종별로 매우 개성적, 특징적인 모양인데, 공통 사항은 꼬리를 매우 '잘 다룬다'는 점이다. '다섯 번째 다리'라고 비유할 정도로 도마뱀붙이의 꼬리는 나무 위에서 사는 데에 매우 유용하다. 꼬리로 균형을 잡거나, 꼬리로 나무에 매달리거나 하는 것은 물론이고, 크레스티드 게코는 앞서 언급한 강모도 갖추고 있다. 발가락만큼 강한 힘은 아니지만 꼬리 끝부분으로 어딘가에 달라붙어 균형을 잡거나 낙하를 방지하는 것이 가능하며, 사육 시 가끔 이런 행동을 관찰할 수 있다.

▲ 혀로 눈을 핥을 수 있다.

앞다리

머리

뒷다리

꼬리

▲ 크레스티드 게코의 뒷다리 (발바닥)의 강모

▲ 리키에너스의 앞다리(발바 닥)의 강모

▲ 꼬리로 사물을 감을 수 있다.

▲ 크레스티드 게코 꼬리 끝의 강모

▲ 리키에너스의 몸통 표면

06

신체 색상에 관해

신체 색상이 변하는 생물은 의외로 많다. 실은 도마뱀붙이도 그중 하나라고 해도 과언이 아닐 정도로 매우 자주 바뀐다. 간단히 분류해 보면 밝은색과 어두운색으로 나눌 수 있는데, 어느 쪽이 원래 가지고 있던 색인지 답하기는 정말 어렵다. 예를 들어, 새빨갛게 물든 레드 타입의 크레스티드 게코를 입양해 데려가서 케이스를 열어보니 하얗게(옅은 분홍색) 변해

있었다…라는 일도 적지 않게 발생한다. 물론 이런 상황은 컨디션의 좋고 나쁨의 문제가 아니고 둘 다 그 개체가 지닌 색상이다.

언제 어떤 변화를 보이는지 설명하자면 온도와 습도의 높고 낮음이 매우 크게 작용한다고 할 수 있다. 대략 분류해 보면 온도와 습도가 모두 높을 때 색상이 짙어지고('색이 올라온다'라는 표현을 쓴다)

온도, 습도 모두 낮을 때는 색이 옅어지는 ('색이 날아간다', '색이 가라앉는다'라고도 한다) 경우가 많다. 특히 습도는 중요한데, 색이 완전히 가라앉은 상태의 개체 사육장에 물을 뿌리고 10~15분 정도 기다리면 꽤 색이 올라올 것이다. 특히 크레스티드 게코는 다른 개체인가 싶을 정도로 변화가 큰 컬러 패턴도 적지 않다.

그런 의미에서도 개체 입양 시 사진을 보고 고르는 것을 그다지 추천하지 않는다. (온라인 판매가 어렵기 때문에 그러한 사례는 적을 것이라 생각하지만…) 꽤 많은 개체를 관찰해 온 베테랑이라면 어떤 변화를 보일지 예상할 수 있겠지만, 그렇지 않다면 더더욱 실물을 직접 보고, 불안한 사람은 반드시 직원에게 확인했으면 한다.

Chapter

입양 후의
사육 준비

| from pick-up to breeding settings |

이제부터 드디어 사육 준비에 관해 다룹니다.
사육장이나 보온 기구를 고르는 방법 등
지금까지 예상했던 그대로일까요?
아마도 '의외' 인 내용이 많을 것입니다.

01

입양 시
데려오는 방법

요즘은 파충류 숍이나 열대어 전문점 등에서 크레스티드 게코나 가고일 게코를 흔히 볼 수 있다. 그러나 그 외의 종은 제대로 된 전문점에서만 취급한다. 또한 종류별로 컬러 패턴이나 원산지가 다양하기 때문에, 많은 개체를 직접 보고 선택하고 싶을 때는 항상 일정 수준 이상의 종류를 갖추고 있는 전문점을 찾아 두는 것이 좋다. 뒤에 나올 종별 해설에서도 설명하겠지만, 특히 크레스티드 게코는 사육자가 상상한 타입을 찾아내는 게 힘들 것이다. 또한 숍에 요청한다고 간단하게 해결되지도 않을 것이다. 도마뱀붙이 친구들을 많이 취급하는 숍에 자주 다니는 것이야말로 마음에 드는 개체를 찾을 수 있는 지름길일지도 모른다.

그리고 최근에는 박람회와 같은 파충류 쇼도 많이 개최되므로 박람회에서 입양하는 것도 물론 나쁘지 않다. 다만, 파충류 쇼의 경우 분양하는 측도 매우 바빠 충분히 설명을 해 줄 수 없는 경우가 발생한다. 그러므로 처음 입문하는 사람이나 무언가 불안한 점이 있는 사람은 웬만하면 파충류 숍에 직접 방문하여 천천히 구경하고 설명을 듣는 것을 추천한다.

데리고 돌아갈 때는 신뢰할 수 있는 숍에서 구매한 경우 믿고 맡기면 문제가 없을 것이다. 이동 시간이나 계절을 고려해 능숙하게 패킹해 줄 것이다. 그러나, 이동 수단이나 길의 상태 등은 분양자도 알 수 없으므로 사육자도 어느 정도는 도마뱀붙이를 안전히 데려가려고 노력해야 한다. 더위에 약한 친구들이므로 여름에 도보나 자전거 이동 시간이 오래 걸리는 경우, 아이스 팩이나 보냉 가방 등을 사전에 준비하도록 하자.

▲ 직원에게 궁금한 점을 미리 확인하자.

▲ 전문 파충류 숍에서 많은 개체를 둘러보고 고를 수 있다.

▶ 이벤트에서는 플라스틱 컵에 넣어 두는 경우가 많은데, 어디까지나 전시용이다. 실제 사육 시 개체에 맞는 환경을 준비해야 한다.

아이스 팩이 집에 없는 경우, 편의점에 들러 얼린 음료를 구입해 아이스 팩 대용으로 사용할 수도 있다(나중에 마실 수 있으니, 일석이조!). 숍에 따라서는 아이스 팩을 준비해 주는 곳도 있으므로, 방문 전에 확인해 보면 된다. 반대로 겨울에는 일회용 핫팩을 사용하면 되는데, 너무 뜨거운 핫팩은 절대 안 된다. 불안한 경우 숍에 맡기는 게 제일 낫다.

주의할 점은 특히 크레스티드 게코에게서 자주 일어나는데, 이동 중에 꼬리를 스스로 잘라버리는 개체가 간혹 있다.

딱히 꼬리가 어딘가에 끼거나 케이스를 떨어뜨리지 않아도 마음대로 잘라버리는데, 원인을 알 수 없다. 그저 짐작하기론, 도마뱀붙이 중에서 아주 예민한 개체가 약간의 진동이나 환경 변화(케이스 안의 습도가 올라가는 등)에도 과하게 불쾌감을 느껴 꼬리를 잘라버리는 것이 아닐까 싶다. 솔직히 말해 어쩔 수 없는 일이므로, 가능한 한 주의를 기울여야 한다.

02

사육장 준비

의외로 매우 심플한 형태로도 충분히 사육할 수 있지만, 식물을 심는 등 이른바 '비바리움' 같은 형태로도 사육을 즐길 수 있다.

여기서는 우선 간단한 사육 스타일을 소개하고자 한다.

필요한 준비물

· 통기성이 있으며 틈이 없고 뚜껑을 여닫을 수 있는 사육장

(다소 높이가 있는 편이 좋다)

· 바닥재

· 나뭇조각이나 코르크

· 습도계

· 보온 기구

이렇게만 있으면 우선 대부분의 종을 키우기 시작할 수 있다. 기구별 사용 방법은 세팅 사례 사진을 참조하기를 바란다.

먼저 사육장을 선택할 때 대부분의 사람은 '교목성 도마뱀을 사육하려면 높이감이 있는 사육장을 쓰는 게 가장 중요하다'라고 생각한다. 이는 매우 중요하며,

납작한 형태의 사육장에서 키우기엔 아무래도 가엾다. 그러나 그렇다고 해서 극단적인 사례로 20×20×60cm(높이)인 사육장을 준비하는 게 좋은 건지 묻는다면 대답은 "No"이다. 예를 들어 크레스티드 게코 성체 1마리를 사육한다고 할 때, 30×30×45cm(가로×세로×높이) 크기와 60×30×36cm(가로×세로×높이)의 60cm 표준형 크기 사육장 중에서 하나를 고른다고 해 보자. 어느 쪽을 고를지 물으면 대부분의 사람은 전자를 선택할 것이다. 그러나 필자는 둘 다 괜찮다고 생각한다. 후자는 옆으로 긴 느낌이 있으나, 이성적으로 살펴보면 높이는 36cm이고, 이는 크레스티드 게코 사육에 충분한 허용 범위라고 할 수 있다. 또한, 흔히 볼 수 있는 사육장 중 30cm큐브형(30×30×30cm)을 추천하는 사람도 비교적 많은데, 왜인지 앞서 언급한 60cm 표준형 사육장(높이 36cm)에서 키우는 사람은 적다. 이는 눈의 착각이라고 할까, 시야가 좁아서 그런 것일 수도 있다.

▲ 사육 사례

간단히 말하면 도마뱀붙이가 세로로 달라붙었을 때 위아래로 약 5cm씩(좀 더 욕심을 부리자면 10cm씩) 여유가 있다면 문제없다. 물론 높으면 높을수록 좋겠지만, 그렇다고 해서 좌우 폭이 너무 좁은 사육장은 적합하지 않다. 교목성 도마뱀은 나무 위에서 서식하긴 하지만, 항상 상하 방향으로 붙어있다고 좋은 것은 아니다. 옆으로 누워있고 싶을 때도 있을 것이고, 어쩌면 그게 더 편하지 않을까 싶다. 앞서 레이아웃 설명에도 언급했는데, 어느 정도 좌우 폭을 확보하고, 높이감도 있는 사육장이 여러 측면에서 배치하기도 좋고 개체에도 적합하다고 생각한다.

통기성은 매우 중요하다. '도마뱀붙이 친구들=습도 필요'라고 생각하는 사람이 많을 것이다. 물론 맞는 말이지만, 과하게

▲ 파충류용 사육장. 천장이 그물 형태로 되어 있어 통기성을 갖추었고 전면이 개폐식이라 유지, 관리하기도 좋다.

▲ 사육 사례: 코르크를 주로 배치한다.

습한 상태는 가장 피해야 한다. 그러므로 일반적인 파충류용 사육장이나 플라스틱 사육장 같은 천장이나 측면이 그물로 되어 환기가 잘 되는 사육장이 바람직하다. 구멍이 뚫린 판도 문제없으나 생각보다 통기성이 좋지 않으므로 과습 상태가 되지 않도록 주의해야 한다.

바닥재는 신중히 골라야 한다. 기본적으로 어느 정도 배수가 되면서 보습도 되는 것이 좋다. 몇 가지 선택지가 있는데, 필자가 추천하는 것은 파충류 사육용 흙류(보습이 가능한 유형)나 작은 크기의 바크 칩, 약간 거친 코코피트, 적옥토(입자 크기 중~소) 등이다. 역으로 많이들 사용

▲ 사육장 벽면도 활동범위가 된다.

하는데, 추천하고 싶지 않은 것은 가느다란 코코피트다.

도마뱀붙이 친구들은 키우다 보면 사람과 익숙해져 먹이에 대한 반응도 좋아지는 개체가 많다. 그러므로 바닥재가 조금이라도 움직이면 먹이라고 생각하고 달려드는 개체도 있다. 그렇게 되면 입에 바닥재가 들어간다. 만일 그게 건조한 상태의 코코피트였다면 어떻게 될까? 마치 사람의 입에 '콩가루'가 들어가 덩어리지고 달라붙어 수분을 뺏는 상태와 같을 것이다. 그 상태가 싫은 개체는 입안에 이물을 꺼내고자 머리를 세게 흔든다. 그렇게 되면 또 다른 쪽의 바닥재가 튀어 올라 입안으로 다시 들어가는… 이러한 상황을 반복하는 사이에 목에 쌓이게 되고 최악의 경우 즉시 질식사할 수도 있다. 이는 농담이 아니고 도마뱀붙이 친구들의 사인 중 TOP3에 들어갈 거라고 본다.

그러므로 가느다란 코코피트는 추천하지 않는다. 그럼 굵은 코코피트와 흙도 마찬가지 아닌가? 라고 묻는다면 가장 다른 점은 입자의 크기와 무게다. 크기가 크면 클수록 대량으로 입에 들어가기 힘들다. 또한 흙은 무게가 있어 튀어 올라도 입 속까지 날아 들어가기 어렵다. 큰 덩어리를

▲ 노끈. 케이블 타이와 마찬가지로 가지나 식물 등을 고정할 수 있다.

▲ 이오레이즈. 냄새 제거, 살균 효과를 기대할 수 있는 아이템.

▶ 코르크 위에서 쉬는 가고일 게코

삼켜 버리면? 하고 걱정하는 사람도 많은데, 서기까지 찍징하면 아무것도 힐 수 있는 게 없고, 필자는 지금까지 큰 크기의 바크나 코코피트를 삼켜 심각한 상황이 되었던 도마뱀붙이를 만난 적이 없다. 그래도 걱정된다면 먹이를 줄 때 핀셋으로 주는 등 사전에 방지를 하는 것도 좋다.

그리고 기타 용품에 관해서는 각자 마음에 드는 것을 선택해 사용하면 된다. 나뭇조각이나 코르크는 마음에 드는 형태를 여러 가지 조합해도 좋은데 여러 개를 엮어서 사용할 때는 가능하면 실리콘이나 케이블 타이 등으로 고정해 주는 것을 추천한다. 코르크 정도라면 가벼워서 큰 문제 없겠지만, 큰 나뭇조각의 경우 넘어지면서 개체를 덮쳐 사망에 이를 가능성도 있기 때문에 조금이라도 불안하다면 고정하는 것이 바람직하다.

온도계는 기온을 파악하기 위해 필요하다. 습도계는 있으면 좋지만, 꼭 필요하지는 않다. 이는 어디까지나 개인적인 이야기지만, 만일 "습도 50~60%를 유지하세요."라고 필자가 말한다고 해서 이를 유지할 수 있는 사람이 얼마나 있겠는가. 이마나 자신도 할 수 없을 것이다. 왜냐하면, 하루 중 돌봐 줄 수 있는 시간이 제한적이고 그 외의 시간대에 정해진 습도를 유지하기 위해 가습과 제습을 해 주기가 어렵기 때문이다. 그렇다면 어떻게 습도를 판단하고 조절해야 할까. 답은 매우 간단하다. 각자가 직접 눈으로 확인하고 판단하면 된다. 바닥재가 젖어 있는지 말라 있는지, 도마뱀이 목이 말라 보이는지, 그 정도는 돌보는 과정에서 마지막에 물을 준 날을 기억하고 있을 것이며 사육 경험이 적어도 어느 정도는 알 수 있을 것이다. 뒤에 유지 관리 사항을 자세히 설명하겠지만, 습도계를 설치하지 말라는 것은 아니고 습도계에 너무 집착한 나머지 과한 돌봄을 방지하는 의미에서도 눈으로 살피는 것이 중요하다는 뜻이다. 습도계를 너무 믿지 말고 개체의 움직임(사육장 안에서 머무는 장소 등)을 관찰하며 추운지 더운지를 사육자가 직접 살피도록 관심을 가져야 한다.

사육장 준비
(식물을 심은 비바리움)

도마뱀붙이 친구들은 약간 습한 것을 좋아한다. 그래서 레오파드 게코 등 건조한 계열의 도마뱀류에게는 적합하지 않은, 식물을 사용한 레이아웃에서 충분히 키울 수 있다. 크기가 큰 리키에너스는 조금 어려울 수 있으나, 모두 어릴 때는 충분히 식물과 함께 사육을 즐길 수 있다.

다만 독개구리의 사육 환경이 가능한가 하면 그것도 쉽지 않다.

대전제는 사용할 식물이 사육환경과 잘 맞느냐 하는 것인데, 튼튼함도 그만큼 중요하다. 어지간히 작은 개체가 아닌 이상 개구리보다 무게도 힘도 센 도마뱀은 연약한 식물을 모두 짓밟아버릴 수도 있다. 잎과 줄기가 단단하고 튼튼한 필로덴드론이나 산세베리아 등이 좋다. 그리고 이끼류는 깔아도 바로 떨어져 나갈 가능성이 높으며 도마뱀의 요산으로 인해 얼마 못 가 상태가 나빠질 수 있으므로 추천하지 않는다.

바닥재는 평소 사육 때 사용하던 것도 괜찮으나, 과하게 거친 바크나 코코피트는 식물을 심기가 어렵기 때문에 직접 식물을 심는다면 중간 정도의 코코피트나 흙, 적옥토 등을 사용하는 게 좋다.

▲ 필로덴드론 "실버 메달"

▶ 산세베리아 "바니"

　만일 식물 심기가 너무 어렵거나 유지 관리를 더 중요시한다면 화분에 있는 식물을 화분까지 통째로 사육장에 넣는 것도 나쁘지 않다. 독개구리를 사육하듯 식물을 너무 많이 심게 되면 도마뱀이 머물 장소가 없어지므로, 두께감이 있는 나뭇조각이나 코르크 등을 잘 배치해 도마뱀이 머물 곳을 마련해 주도록 하자.

LESSON

04

은신처 및
기타 장식품

대부분의 교목성 도마뱀에게 기본적으로 은신처다운 은신처는 없어도 괜찮다. 나뭇조각이나 코르크 등을 활용해 레이아웃을 해 주면 그곳이 바로 그들의 은신처가 된다(뒷면에 달라붙어 있는 모습이 바로 숨어있는 것이다). 구할 수 있다면 도마뱀이 몸을 숨길 수 있을 정도의 두께가 있는 대나무 통이나 원통형 코르크 등을 넣어주면 훌륭한 은신처가 되고, 올라

가서 놀 수 있는 공간도 되므로 추천한다.

나뭇조각은 가지 상태인 것을 고르는 사람이 많은데 너무 가느다란 조각은 멈춰 있기가 불편해 적합하지 않다. 도마뱀 몸통 폭과 같거나 조금 더 넓은 게 제일 좋다고 할 수 있다(공간이 충분하다면 더 넓어도 좋다). "잡는다"라기보다 "올라탄다"라고 생각하고 고르기를 바란다.

중요한 것은 배치다. 앞서 말했듯 교목

▶ 코르크 판.
파충류·양서류 전문점
등에서 구할 수 있다.

▶ 두꺼운 코르크.
개체에 맞는 두께를
골라야 한다

▶ 세워 둔 코르크 위에서 쉬는 크레스티드 게코

성 도마뱀을 키울 때 세로로 길게만 배치하곤 하는데, 그렇게 하면 도마뱀도 지치고 플로피 테일(이후 설명)을 유발할 가능성도 높아진다. 안 그래도 사육장 벽은 수직으로 되어 있으므로 굳이 장식품까지 수직으로 둘 필요는 전혀 없다. 수직에 가까운 배치는 피하고 코르크나 나뭇조각을 비스듬하게, 혹은 가로로 향하게 하는 게 좋다. 이는 도마뱀붙이 친구들 외에 다른 교목성 도마뱀이나 카멜레온 등의 사육장 배치에도 적용되므로 참고로 해 주기를 바란다.

▲ 코르크 뒤에 숨은 차화 게코

▲ 원통 모양의 코르크는 은신처가 되기도 한다

05

보온 기구 및 조명 기구

보온 기구는 정말 어렵다. 이제 사육을 시작하는 사람은 우선 실온이 가장 낮은 시간(야간)대에 몇 ℃ 정도 되는지를 파악해 두어야 한다. 도마뱀붙이 친구들은 시원한 환경을 좋아하므로 실온이 15℃ 밑으로 떨어지지 않는다면 보온 기구는 필요가 없고, 1년 내내 온도를 조절하지 않고(여름철 더위 대책만 필요) 사육할 가능성도 충분히 있다. 이를 기준으로 생각하고, 사육장 크기 등에 따라 준비하면 된다.

일본의 간토 지역 혹은 그보다 남쪽이라면 기본적으로 한겨울에 패널 히터로 충분히 대응할 수 있다. 1장으로 온도가 잘 오르지 않는다면 2장으로 늘리면 되는데 모두 뒷면이나 측면에 붙이면 된다. 바닥에 붙이면 바닥재가 가로막아 사육장 윗부분까지 열이 전달되지 않을 수도 있다. 뒷면이나 측면이라면 사육장 내부가 전체적으로 추워도 도마뱀이 스스로 히터 근처로 가서 붙어 알아서 보온한다.

추위가 극심할 경우 더욱 강한 보온 기구를 사용할 필요가 있는데, 그럴 경우에는 반드시 사육장 내부의 온도를 확인하면서 설치해야 한다. 특히 작은 개체는 너무 더우면 갑자기 컨디션이 나빠져 온열질환으로 폐사하는 사례도 있다. 심각하지만 않다면 추위로 즉사할 가능성은 거의 없기 때문에 "조금 추우려나?" 수준에서 시작하여 정말 보온이 필요할 때 조치를 취하거나 한 사이즈 큰 사육장을 사용하는 게 좋다. 스팟 램프나 야간용 보온 전구 등 램프 계열 보온 기구는 열량이 너무 높은 경우가 많아 국소적으로 온도가 과하게 높아질 수 있으니, 주의해야 한다. 점등 시 물방울이 튀면 깨질 위험도 있으므로 분무를 자주 해줘야 하는 도마뱀붙이 친구들에게는 부적합한 보온 기구다. 가급적 사용하지 않는 편이 무난하다.

조명기구 관련해서는 최근 도마뱀붙이 친구들에게도 자외선을 쐬어 주어야 한다는 여론이 형성되어 있으므로 가능한

◀ 파충류·양서류용 히터

▶ 조절 다이얼이 있는
파충류·양서류용 히터

▲ 파충류·양서류용 온도조절 장치

▲ 온도·습도계

▲ UVB램프

▲ 파충류·양서류용 형광등.
자외선을 포함한 파장을 조사

한 설치해 주면 좋다. 필자의 시대(14~15년 전부터 그 이전)는 "자외선은 필요 없다."라는 의견이 주류였고, 없어도 충분히 사육할 수 있었다(라고 생각하고 있다). 다만, 지금 생각해 보면 있는 편이 더 좋았을까 싶기도 하고, 가고일 게코는 당시 구루병에 걸리기 쉬워 자외선을 쬐어 주는 게 좋다고 했다. 그런 의미에서 도마뱀붙이에게 자외선을 쬐도록 하는 것은 나쁘지 않은 듯하다.

다만, 메탈할라이드 램프 같은 강한 자외선은 역효과가 나므로 여러 브랜드의 형광등 중 중간 정도의 자외선을 조사하는 상품을 선택하길 바란다. 최근 LED 타입으로 자외선을 뿜어내는 기구가 개발되면서 이 책을 저술하는 때는 이미 1종이 발매되었다. 방열량도 적은 LED 타입은 높은 온도를 싫어하는 도마뱀붙이 친구들에게는 안성맞춤인 기구이므로 계속해서 개발되기를 기대한다.

사육 가이드

| e v e r y d a y   c a r e |

사육의 즐거움 중 하나는 먹이를 주는 일입니다.
반면 청소를 즐기는 사람이 있을 수도 있습니다.
깨끗하게 청소한 사육장 안에서
건강하게 움직이는 모습을 보는 것이야말로
사육자의 가장 큰 즐거움일 것입니다.

01

사료 종류 및 먹이 주는 법

도마뱀붙이 친구들은 사육 방법이 거의 비슷하다고 할 수 있는데, 좋아하는 먹이는 종에 따라 조금씩 다르다. 크레스티드 게코나 사라시노룸 게코는 곤충류와 과일, 과즙 모두 좋아한다. 한편 리키에너스 게코나 가고일 게코는 과일이나 과즙도 좋아하지만, 동물식을 특히 좋아하고 개체에 따라서 새끼 쥐(핑키)나 파충류를 즐겨 먹기도 한다.

그리고 최근 들어 슈퍼푸드가 눈부시게 발전하고 있다. 레파시에서 발매한 각종 슈퍼푸드를 필두로, 각 브랜드가 잇따라 슈퍼푸드 시장에 진출하고 있다.

이 슈퍼푸드는 모두 이것만 먹여도 완전 사육이 가능하다고 할 수 있다. 이로써 곤충류를 멀리하는 사람도 도마뱀붙이 친구들을 사육할 기회가 새로 생겼다고 할 수 있다. 아래는 도마뱀붙이 먹이를 정리한 것이다.

· 슈퍼푸드(물에 타는 타입)
· 귀뚜라미
· 투르키스탄바퀴벌레
· 허니웜
· 과일(바나나, 망고 등)
· 생쥐(가고일 게코나 리키에너스, 레서 러프스나우트 자이언트 게코용)

기본적으로 귀뚜라미와 슈퍼푸드, 혹은 둘 다 먹는다면 사육 자체에 큰 문제는 없다. 가끔 귀뚜라미(살아있는 상태)만 주면 안 된다고 생각하는 사람도 있는데, 얼마 전까지만 해도 요즘 나오는 슈퍼푸드가 없었고, 귀뚜라미와 과일을 먹이며 키워도 아무 문제 없이 잘 크고 번식도 했다.

▲ 레파시의 슈퍼푸드.
전문점에서 살 수 있다. 매우 다양하므로 사육 중인 개체에 맞는 것을 선택할 수 있다.

◀ 크레스티드 게코 등 도마뱀붙이
이용으로 개발된 슈퍼푸드

▼ 투르키스탄바퀴벌레

◀ 흰집귀뚜라미

◀ 뒷다리를 제거한
쌍별귀뚜라미

　한편, 최근에는 슈퍼푸드 품질이 매우 향상되어 슈퍼푸드만으로도 평생 사육, 번식도 충분히 가능하므로, 자신의 스타일에 맞는 먹이를 선택하면 된다. 해외 브랜드 슈퍼푸드(레파시 등)는 도마뱀붙이용으로 많이 개발되어 선택하기 어려울 수 있으나, 맛이 다른 것은 물론, 유체용, 성체용, 동물성 성분이 많은 것 등 구성 성분이 조금씩 다르다.

　어떻게 골라야 할지 모를 때는 파충류 숍에서 상담하면 된다. 칼슘 가루는 슈퍼푸드에 충분히 들어 있으므로 첨가할 필요는 없는데, 산란 전후의 암컷은 조금 섞어서 줘도 좋다.

　귀뚜라미의 경우, 개체 크기에 맞는 것을 한 번에 2~3마리씩(대형 종은 5~10마리 정도) 주는데, 잘 먹는지 살펴보며 양을 조절해 주면 된다. 계속해서 달려들 듯한 기세로 먹는다면 1~2마리 더 줘도 괜찮고, 1마리를 먹고 다음 귀뚜라미에 관해 식욕이 없어 보이면 그만 줘도 된다. 어느 정도 안정적인 속도로 먹는다면 1회 급여량이 적어도 큰 문제는 없다고 할 수 있다. 주는 법은 오염된 바닥재가 불안하다면 핀셋으로 주면 된다. 칼슘은 필수로 자외선 라이트를 사용하고 있다면 비타민D3이 없는 칼슘을, 자외선 라이트를 사용하고 있지 않거나 다소 약한 라이트를 사용하는 경우 비타민D3이 들어있는 칼슘을 준다. 둘 다 귀뚜라미가 약간 하얗게

▲ 급여 전 용기에 귀뚜라미를 넣고 영양제를 뿌린 상태

▶ 미리 밥그릇에 영양제를 넣고 묻혀서 줘도 된다.

보일 정도로 묻혀서 주면 된다. 그리고 귀뚜라미를 잘 먹지 않는 개체도 많다(특히 크레스티드 게코). 귀뚜라미를 잘 먹지 않는 개체에게 먹이 주는 법은 뒤의 번식 항목에서 설명할 예정이니 참고로 해 주기를 바란다.

먹이 주는 간격은 종류나 크기에 따라 다른데, 각종의 유체는 거의 매일(주 5~6회 정도) 부지런히 주고, 성체가 되면 주 2~3회 정도 주면 충분하다. 슈퍼푸드는 스푼 등을 이용해 사육장 안에 있는 개체의 입가에 가까이 대어 주거나, 먹이 그릇에 넣어 주면 된다. 손에 개체를 올리고 먹이를 주고 싶은 마음도 이해하지만, 그 상태로는 도마뱀이 불편함을 느끼고 원래 잘 먹던 먹이도 먹지 않게 된다. 손 위에 올리고 먹이를 주는 것은 사육환경에 충분히 적응한 뒤에 조금씩 시도해 보도록 하자.

그리고 최근 들어 비타민(A나 E 등)이나 그 외 미량 원소의 중요성이 주목받으며 탈피(피부 형성) 등에 영향을 준다고 한다(도마뱀붙이 친구들 외에도). 요즘 칼슘은 필수 요소가 되어, 사육 시 사용하는 사람이 많은데 비타민은 아직 그 정도로 널리 정착하지는 않았다. 칼슘을 사용함

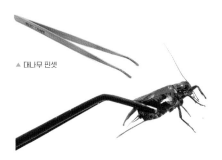
▲ 대나무 핀셋

과 동시에 각종 비타민도 함께 주는 습관을 들이면 좋다. 칼슘이든 비타민이든 과잉 섭취는 악영향을 미칠 수 있으므로, 번갈아 가면서 주는 정도로 충분하다.

아울러 최근 유통되는 도마뱀붙이 친구들은 주로 미국이나 유럽 국가 등에서 번식한 개체가 많은데, 기본적으로 대부분의 개체는 슈퍼푸드를 먹고 자란 경우가 많다. 이 개체들의 경우 갑자기 귀뚜라미를 줘도 반응이 매우 좋지 않은 사례가 많다. 또한, 파충류 숍에서 슈퍼푸드로만 관리하던 경우 역시 마찬가지다. 불안한 사람은 입양 시 개체의 취향을 확인하면 된다.

▲ 귀뚜라미를 쥔 모습.
복부를 잡고 주면 도마뱀이 먹기 쉽다.

▲ 그릇 거치대.
슈퍼푸드와 곤충젤리를 넣어 두는 편리한 제품

LESSON
02

슈퍼푸드 만드는 법

앞서 언급한 대로 최근 수년간 과일을 먹는 파충류용 슈퍼푸드가 많이 개발되었다. 이는 우리 파충류 마니아로서는 매우 고마운 일로, 예전처럼 "생선가루를 굳혀서 어떻게든 고형 사료로 만들어 봤습니다." 같은 게 아니라, 영양가와 맛, 포식 스타일을 모두 고려한 슈퍼푸드이므로, 먹이로 인한 사육 실패는 많이 줄지 않았을까. 그러나 일부 사육자들은 개체가 잘 먹지 않는다고 말한다. 실제로 필자의 숍에도 이런 상담은 적지 않다. 다만 필자가 지금까지 많은 도마뱀붙이나 데이 게코 친구들을 대상으로 줘 봤는데, 급여 대상을 틀리지 않은 이상 전혀 먹지 않는 개체는 거의 없었다.

그렇다면 원인은 무엇일까? 대부분 '제조 방법의 실수'가 원인이 된다. 직설적으

로 말하자면, 만드는 방법이 미숙해서 먹지 않는다는 말이다. 예를 들면 레파시의 슈퍼푸드는 만드는 법 설명에 '케첩 같은'이라는 말이 있다. 이 부분에 집중하는 마니아들이 매우 많은데, 문장을 잘 읽어 보면 "몇 분 지나면 케첩과 같은 상태가 된다"라고 되어있다. 그렇다. 핵심은 섞자마자 케첩의 농도가 되어서는 안 된다는 것이다. 처음에는 꽤 묽다고 생각할 정도가 딱 좋다. 그 상태에서 몇 분 지나면 조금씩 점도가 생겨 걸쭉해지고 먹이기 좋은 상태가 된다. 특히 핥는 힘이 약한 유체는 너무 진하면(걸쭉하면) 바로 식사를 그만두는 경향이 있으므로 유체에게 줄 때는 묽게 만드는 게 나을 수도 있다.

도마뱀붙이용 슈퍼푸드를 가끔 '떡밥'으로 표현하는 사람이 있는데, 떡밥은 아

▲ 수분의 양을 신경 쓰면서 만들어야 한다. (그럽 파이)

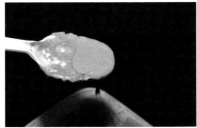

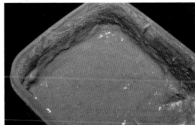

▲ 크레스티드 게코 슈퍼푸드를 물에 섞은 상태

니다. 페이스트라는 표현도 조금 다르다
고 생각한다. 극단적인 표현일 수 있으나
거의 '액체 사료', '유동식' 같은 것으로 생
각하면 된다. 그리고 수분량을 조절해 액
체의 농도를 바꾸면 개체의 반응이 바뀌
는 경우도 많으므로 시도해 보아도 좋다.
이미지로 설명하자면 사람도 개개인이
선호하는 된장국의 농도가 다 다르듯이
도마뱀도 기호가 있다. 수분이 적은 걸쭉
한 밥=된장을 너무 많이 넣어 짠 된장국
이라고 생각해 보자. 도마뱀도 전력으로
거부하고 싶을 것이다. 만일 그런 밥을 좋
아해서 먹는다고 하더라도 영양 과다 상
태가 될 위험이 있으므로 레시피대로 만
들되 물을 잘 조절하고 다른 맛과 섞어 다
양하게 만들어 보기를 바란다.

▲ Gecko-Foody를 물에 섞은 상태

유지 및 관리

▶ 핸들링할 때는 움켜쥐지 말고 밑에서부터 들어 올려 손바닥에 올리듯이

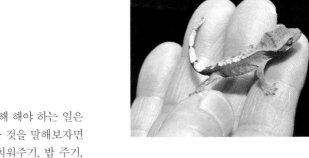

매일 개체 관리를 위해 해야 하는 일은 의외로 적다. 매일 하는 것을 말해보자면 분무, 눈에 띄는 변을 치워주기, 밥 주기, 물그릇을 두는 경우라면 물 갈아주기 정도다.

관리의 중심에는 분무가 있다. 다만 도마뱀붙이 사육 시 과도하게 물을 뿌리는 사육자가 많다. 물론 너무 건조한 것은 좋지 않고 특히 유체는 심각하게 건조한 경우 죽을 수도 있다. 그러나 그렇다고 해서 항상 바닥재에 물이 맺혀 있거나, 상시 사육장 벽면에 물방울이 가득 맺힌 상태가 지속되는 것은 더욱 안 좋다. "너무 건조하지 않도록 신경 쓰자." 정도로 생각하는 것이 제일 좋다. 분무 횟수는 사육장의 건조한 정도를 확인하며 매일이나 2일에 1번 정도로 뿌려주면 된다. 분무한 물은 보습과 급수(마시는 물)의 두 가지 역할을 하므로, 아무래도 주 1~2회 분무는 너무 적다(목이 마르기 때문에). 사육장의 통기성·바닥재 종류와 양 등에 따라 분무 간격이 달라지므로 관찰하면서 판단하면 된다. 분무를 통해 기화열이 발생해 온도를 낮추는 효과도 있다. 온도의 상승이 걱정되는 사람은 환기가 잘 되는 사육장을 사용하면서 적극적으로 분무를 함으로써 얻을 수 있는 냉각 효과를 이용해도 좋다.

변에 관해 이야기하자면, 주로 슈퍼푸드를 주는 경우 변은 대체로 낙낙하지 않고, 벽이나 나뭇조각 등에 달라붙는 형태를 띤다. 그 변을 핀셋 등으로 집어서 치우기란 쉽지 않으므로 닦아내든지 사육장을 통째로 씻으면 된다. 귀찮아서 방치하고 싶겠지만, 슈퍼푸드에 따라 귀뚜라미를 먹고 배출한 변보다 더욱 냄새가 심할 수도 있다. 너무 방치하면 생각했던 것보다 냄새가 날 수도 있으니, 가능한 한 자주 치워주면 좋다.

분무 횟수나 양은 어디까지나 기준을 제시하는 것으로, 사육 환경, 사육 공간의 상황(에어컨 사용 여부 등), 사육 종류에 따라 다르다. 매일 자주 관찰하고 사육하는 개체와 사용하는 도구의 특성을 빠르게 이해하고 자기만의 유지 관리법을 터득해야 한다. 불안한 경우 전문숍을 방문해 상담하는 게 좋은데 그럴 때는 반드시 사육 공간 상황(환경) 등을 정확하게 전달하도록 하자.

건강 체크 등

매일 조금씩 관찰하고 있으면 개체의 이상(질병이나 부상 등)을 빠르게 알아차리게 되어 일이 커지기 전에 대처할 수 있게 된다. 최근 파충류를 진찰하는 병원도 늘어났지만, 가능한 한 병원에 갈 일이 없도록 해 주어야 한다. 이제 도마뱀 사육 시 질문이 많은 증상을 몇 가지 예를 들어 설명하고자 한다.

1. 탈피 부전
2. 구루병
3. 플로피 테일
4. 깨물어서 난 상처

탈피 부전의 경우, 도마뱀붙이는 물론 파충류 사육에서 떼려야 뗄 수 없는 단어라고 해도 과언이 아니다. 특히 도마뱀붙이 친구들은 탈피 조각이 레오파드 게코보다 얇고 건조해 잘 끊어지고 그만큼 조각이 남기 쉽다. 몸의 넓은 부분에 해초가 달라붙어 있듯 어느 정도 남아있는 경우에는 내버려 두어도 문제없으나, 특히 손발가락 끝에 남아있는 경우에는 주의해야 한다. 벽에 잘 달라붙지 못하는 상태가 되거나 손발의 움직임이 갑자기 부자연스러워졌다면 탈피 조각이 손발 바닥에 남아 방해하고 있는 경우가 많다. 특히 손발바닥은 사육자가 잘 보기 어려워 발견이 늦어지는 경우가 있으므로 움직임을 관찰하여 조기에 발견하도록 해야 한

▲ 플로피테일 증후군(FTS)이 온 크레스티드게코

다. 움직임이 자유롭지 못하게 되면 스트레스를 받을 뿐만 아니라 식욕도 떨어지고 무엇보다 자유롭게 밥을 먹지 못하게 되는 경우도 많다. 7~8cm 이하의 유체는 이른 단계에서 치명상이 될 가능성이 있으므로 말라서 달라붙기 전에 자주 관찰하여 미연에 방지하자.

두 번째는 구루병이다. 이 질병도 파충류 전반, 더 나아가서 인간에게도 일어날 수 있는 질병 중 하나로 간단히 말하면 뼈가 약해지는 병이다. 칼슘 등 영양제를 먹이지 않고 유체를 키우는 경우에 발생하기도 하며, 처음에는 손발(특히 관절)의 움직임이 다소 부자연스러워진다. 그때 발견하여 대처하면 충분히 원래대로 돌아올 가능성이 있으나, 그 후로 증상이 진행되어 모든 관절의 움직임이 악화하고 마지막에는 턱뼈가 약해져 입이 항상 반

정도 열린 상태가 되면 완전히 회복하기란 불가능하다.

특히 가고일 게코는 예전부터 구루병에 걸리기 쉽다는 말이 있었고 *(실제로 그런 경향이 있다)*, 이는 필요한 자외선의 양과 관련이 있을 가능성이 크다. 자외선을 쪼인 척추동물의 대부분은 비타민D3을 체내에서 만들 수 있고, 이 비타민D3이 칼슘 흡수 효율을 높인다. 이를 보충하기 위해 비타민D3 영양제를 주는 것도 물론 가능하나, 가고일 게코는 영양제로는 부족할 가능성이 있다. 구루병을 미연에 방지하기 위해서라도 도마뱀붙이 사육 시 자외선 램프를 적극적으로 사용하면 좋다. 다만 비타민D3은 과잉 섭취할 경우 역효과가 날 수 있으니, 너무 많이 주지 않도록 주의해야 한다.

참고로 착각하기 쉬운데 위에 설명한 대로 구루병은 대부분 급하게 걸리는 것이 아니고(극히 드문 사례는 있다.) 더욱이 며칠 사이에 구루병으로 인해 급사하는 일은 거의 일어나지 않는다. "구루병으로 죽었다."라는 이야기는 가끔 듣지만, 대부분은 착각인 경우가 많다. 매일 관찰만 하면 죽기 한참 전에 대처할 수 있고, 대처를 통해 크게 개선되는 사례도 많다. 인터넷 정보 등을 신뢰하는 '자기 판단'은 나을 수 있는 병도 나을 수 없게 할 가능성이 있으니, 자신이 없는 사람은 반드시 구입한 파충류 숍이나 의사에게 상담해야 한다.

세 번째로, 플로피 테일은 명칭만 봐도 어떤 증상인지 눈치채는 사람이 많을 것이다. 문장으로는 매우 설명하기 어려운 부분이 있으니, 사진을 참고해 주기를 바란다. 도마뱀이 머리를 아래로 향하고 벽 등에 멈춰 있을 때 가장 알기 쉽다. 꼬리가 달린 쪽부터 등을 향해 크게 젖혀져 있는 상태가 되어 있고 그대로 굳어 버리는 증상이다. 심각해지면 보통 좌우로 멈춰 있던 꼬리가 살짝 뜬 상태가 된다. 이 증상이 되었을 때 무엇이 문제인지 묻는다면 실제 악영향이라고 할 만한 것은 없다

고도 할 수 있으므로 신경이 쓰이지 않는 사람은 무시해도 좋다. 그러나 외견상 좋아 보이지 않고 불쌍해 보이므로 이 증상이 일어나지 않는 것이 제일이다.

원인은 100% 확실하다고 할 수는 없으나 극단적으로 세로는 길고 가로는 좁은 사육장에서 일어나기 쉽다고 할 수 있다. 앞서 언급한 사육장 관련 부분과 매우 관련이 있다고 볼 수 있다.

수직 방향 레이아웃(장식품 배치)만 해

식 때 합사하는 경우나 아성체나 유체 여러 마리를 함께 사육하는 경우에 일어나며, 특히 가고일 게코나 리키에너스 등 다소 기질이 강하며 파충류를 포식하는 종류에서 자주 보인다. 둘 다 깨무는 힘도 상하고 이빨노 널가토워 세게 깨물면 치명상이 될 수 있다. 부상을 입은 경우 대량의 출혈을 보이거나, 팔다리가 잘린 듯한 증상을 보이는데, 이때는 즉시 수의사와 상담해야 한다. 약간 깨문 정도의 상처는 우선 개체를 분리하고 먹이를 정상적으로 먹게 되면 청결한 환경에서 기존에 해 오던 대로 사육하면 괜찮아질 것이다. 걱정된다면 환부에 시판 저자극성 연고 등을 발라주면 빨리 나을 수도 있는데, 이는 어디까지나 민간요법이므로 책임은 본인이 져야 한다.

어떤 경우이든지 필자는 수의사 면허가 없으므로 자세한 치료 방법은 기재할 수 없다. 걱정된다면 우선 개체를 입양한 파충류 숍에 상담하며 대처 방법을 물어보자. 숍에서 해결되지 않을 것 같으면 병원을 소개해 줄 것이고, 민간요법이나 매일 관리해 주는 것으로 괜찮을 것 같으면 그 내용을 알려줄 것이다.

두면 도마뱀이 필연적으로 머리를 아래로 향한 상태에서 멈춰 있는 시간이 길어진다. (왜인지 위를 향하는 경우는 드물다) 그렇게 되면 꼬리를 자연스럽게 등 가운데로 늘어뜨리게 되어 그 상태가 플로피 테일로 이어진다고 짐작된다. 그런 의미에서도 장식품 배치는 매우 중요하며 수평 방향 레이아웃을 한 번 더 강조하고 싶다.

마지막은 부상에 관해서이다. 이는 번

i a n   g e c k o " *R a c o d a c t y l u s* "

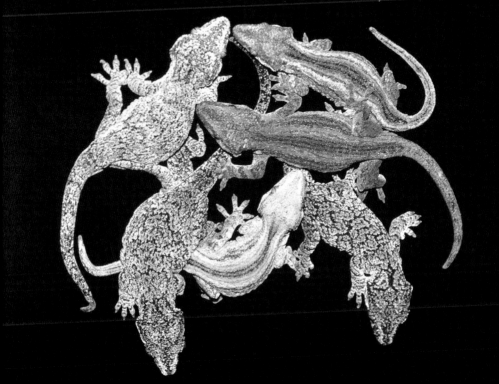

도마뱀붙이의 번식

| b r e e d i n g |

개체를 잘 사육하다 보면
번식에 흥미를 갖는 사람도 많을 것입니다.
도마뱀붙이 친구들은
경험이 적은 사육자라도 충분히 번식까지 해 볼 수 있습니다.
다만 어디까지나 건강하고 지속 가능한 사육의
연장선임을 잊어서는 안 됩니다.

01

번식 전

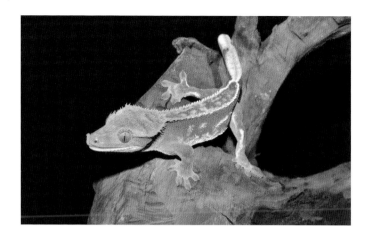

최근 들어 파충류를 사육하는 사람들이 늘었다. 그와 동시에 사육 관련 정보도 늘어, 예전에는 열정적인 마니아의 전유물이었던 '파충류 번식'을 목표로 개체를 키우는 사람도 매우 많아졌다. 파충류뿐만 아니라 야생동물(야생 개체)이 전반적으로 감소하고 있는 가운데, 마니아가 번식한 번식 개체(CB개체)의 유통량이 증가한다면 이 역시 좋은 일이라고 생각한다. 그러나 개중에는 사육 시작 전부터 번식을 염두에 두는 사람들도 있다. 직설적으로 말하자면 그러한 생각은 큰 착각이며, 우선 해당 종을 1년에 걸쳐 계절마다 제대로 사육하고 나서 번식 이야기를 해야 한다고 생각한다. 경험이 적은 초보 사육자도 번식을 노려볼 수 있는 도마뱀붙이 종이 많지만, 부모 개체 육성과 알 관리, 산란 후의 케어 등을 모두 커버하기는 힘들 것이다.

2~3회 정도는 누구든 가능할 수도 있겠으나, 이는 '번식시켰다'라기 보다 '번식해 주었다'라고 말하는 편이 더 맞을 것이다. 앞서 말한 대로 번식을 목표로 하는 것은 나쁘지 않다(오히려 좋은 일이라고 생각한다). '번식=사육을 잘해서 받는 상' 정도로 겸허하게 받아들이고, 사육과 번식에 도전했으면 한다.

또한 파충류 번식에 있어 번식시킨 개체를 어떻게 할지에 대한 문제도 있는데, 반드시 사전에 충분히 생각하고 번식을 시작했으면 하는 마음이다. 일본에서는 판매, 타인 양도 등이 목적이라면 2020년 10월 기준 '제1종 동물취급업등록'이라는 자격을 취득해야 한다. 이 자격이 없이는 박람회 등 파충류 쇼에 참여할 수 없고, 개인 판매나 파충류 숍을 대상으로 하는 도매 판매도 위법이 된다(무상 양도도 위법). 이 점을 확실히 염두에 두고 계획적으로 번식하기를 바란다.

02

도마뱀붙이의 번식
(크레스티드 게코를 중심으로)

성 성숙(sexual maturation)에 관해

번식을 위해 우선 암컷과 수컷을 준비해야 한다. 번식할 암컷, 수컷을 준비하는 법은 사람마다 다른데 대부분 베이비 개체를 여러 마리 사육하다가 성별이 확정되면 교배를 시작하는 유형(1마리인 경우 다른 성별의 개체를 별도 입수)과, 처음부터 암, 수 성별을 아는 크기의 개체를 구입하는 유형이 있다. 둘 다 문제없으나, 후자는 번식을 전제로 한 유형이므로 이번에는 전자를 전제로 이야기하고자 한다.

생후 1~2개월 정도(총길이 약 7~8cm)인 유체를 입양해 키우다 보면 약 1년 후에는 15cm, 혹은 그보다 더 큰 크기까지 자란다. 수컷이라면 머지않아 번식할 수 있는 연령(크기)이라고 할 수 있는데, 암컷은 1년 정도 더 시간이 지나야 하고 약

2살 된 개체부터 번식이 가능하다고 보면 된다.

여기서 중요한 것은 크기가 아닌 '연령'이다(극단적으로 성장이 느린 개체는 문제가 있지만…). 최근에는 우수한 슈퍼푸드가 많이 만들어져 발육 속도가 매우 빨라지는 추세다.

얼핏 보아 약 1년이 채 안 된(8~10개월 정도) 개체도 번식이 가능하지 않을까? 라고 생각할 정도다(확실히 수컷은 1년 정도로 번식이 가능한 경우도 있다). 그러나 암컷의 경우, 몸만 클 뿐 아직 준비가 되어 있지 않으므로 번식할 수 없다. 인간으로 예를 들자면, 초등학교 고학년 여자아이가 키가 크다고 출산할 수 있는 건 아닌 것처럼. 물론 시도해 본다면 말리지는 않겠지만, 특히 암컷의 경우 산란은 매우 몸에 부담을 주는 일이다.

힘들게 키운 개체에 무리한 부담을 주어 나쁜 결과를 가져올 바에는 1~2년 더 기다리는 편이 낫다. 그 정도 늦어져도 취미를 즐기는 사육자 대부분에게 큰 영향은 없을 것이다.

리키에너스나 레서 러프스나우트 자이언트 게코는 1년이나 2년 정도의 시간으로 충분히 성 성숙을 하지 않는다. 리키에너스 암컷은 최소 3년(가능하다면 4년 이상), 레서 러프스나우트 자이언트 게코는 사례가 적어 확실하지는 않으나 레서나 러프스나우트 자이언트 게코 모두 5년 이상 걸린다는 설이 유력하므로 여유를 가지고 제대로 사육해야 한다.

성별 판단

8~12개월 정도 지난 개체라면 특히 수컷은 거의 확실하게 성별을 알 수 있다. 총배설강 밑(꼬리가 붙어 있는 곳) 부근에 2개의 부풀어 오른 것(생식기 주머니라고 불리는 헤미페니스가 들어있는 부분)이 나와 있다면 수컷이다. 나오는 시기와 크기는 개체별로 다르므로 주의해야 하지만, 크레스티드 게코의 경우 거의 부풀어 오르지 않으므로 어느 정도 두 개의 부풀어 오르는 부위가 확인되면 수컷이라고 판정해도 된다.

조심해야 하는 것은 암컷이다. 약간

애매한 시기(6~8개월쯤)에 부풀어 오르지 않았다고 해서 암컷이라고 판단하는 것은 불안하다. 부풀어 오르는 것이 늦어지거나, 부풀어 오르는 정도가 작은 수컷일 가능성이 있기 때문이다. 조금 시간이 더 지난 후에(1년 이상 지난 후) 판단하기를 권한다. 혹은 스마트폰 등으로 총배설강 주변 사진을 각도를 바꿔가며 여러 장 찍은 뒤 입양한 파충류 숍에 가서 보여주고 상담하는 것도 방법이다. 어떤 경우든 섣불리 판단하는 것은 금물이다.

또한 크레스티드 게코 이외의 도마뱀붙이에 관해서 어린 개체의 성별을 판단하기란 다소 어려운 일이다. 사라시노룸 게코나 가고일 게코는 크레스티드 게코 대비 성 성숙이 그렇게 늦지는 않지만, 특징 발현이 늦으므로 판단은 천천히 할수록 좋다. 특히 사라시노룸 게코는 유럽 브리더도 1년 미만의 개체는 판단이 어려울 정도다. 차화 게코나 리키에너스, 레서 러프스나우트 자이언트 게코는(특히 후자 2종) 성 성숙 자체에 시간이 걸리므로 이 종들은 같은 기준으로 생각하지 않는 편이 바람직하다.

▲ 성숙한 크레스티드 게코 수컷의 총배설강 부분. 크게 부풀어 오른 부분을 확인할 수 있다.

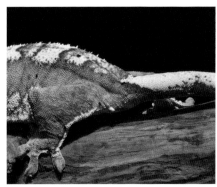

▲ 암컷 크레스티드 게코의 총배설강 부분은 수컷처럼 부풀어 오르지 않는다.

◀ 가고일 게코의 알.
표면의 흙을 치워보니 그리
깊지 않은 곳에서 알이 발견
되었다.

메이팅(교배)

　암수 한 쌍을 모았다면 드디어 메이팅을 하게 된다. 크레스티드 게코뿐만 아니라 도마뱀붙이 친구들은 서식지 환경(기온)이 비교적 안정적이므로, 겨울철 쿨링(동면)은 거의 필요 없으며, 조건만 만족한다면 1년 내내 번식할 수 있다. 성 성숙을 한 암컷 개체를 사육하는 곳에 수컷을 투입하는 방식이 일반적인데 동시에 같은 사육장에 넣어도 문제없다. 다만, 만난 순간 어쩌면 서로 깨물면서 첫인사를 할 수 있으므로 만일을 위해 잠시 지켜봐야 한다.

　수컷이 발정이 난 상태라면 암컷을 발견하고 이상한 움직임을 보이거나, '꾹꾹'하고 소리를 내며 암컷에게 다가간다. 암컷이 받아들이는 상태가 되면 그대로 암컷의 얼굴 쪽 볏을 물고 교미를 시작한다. 만일 암컷이 아직 미성숙한 상태이거나 궁합이 맞지 않으면 수컷이 쫓아왔을 때 바로 도망갈 것이다. 여기서 우선은 포기하고 쿨 다운시키는 의미에서도 떨어뜨려 놓는 것도 좋으나, 정말 안 될 것 같지 않은 이상 같이 두어 보는 것도 나쁘지 않다. 동거를 시키며 밤낮으로 온도 차를 조금씩 주는 것도 하나의 방법이다. 동면은 필요 없다고 했으나 너무 일정한 기온보다 밤낮으로 기온 차를 5~7℃ 주는 편이 더 좋다. 또한 에어컨 관리가 되지 않아 여름에 항상 기온이 높은 상태라면 번식에 적합하지 않으므로(번식 행동 자체를 취하지 않는 경우도 많다), 그런 경우에는 가을부터 봄에 걸쳐 시도하는 편이 바람직하다.

LESSON

02

산란

▲ 파충류 전용 부화 재료(해치라이트)

▲ 에그 홀더.
파충류 숍에서 판매한다.

교미가 제대로 되면 대부분 4~6주 정도 지나 산란한다. 이때 암컷이 영양과 칼슘을 제대로 섭취할 수 있도록 함으로써 건강한 알을 낳도록 해야 한다.

산란은 땅속에 구멍을 파서 하므로, 산란을 위한 토양(산란 바닥)은 필수다. 만일 키친타월 등으로 관리하는 경우라면 별도로 준비할 필요가 있고, 다른 바닥재를 사용 중이라고 해도 그게 산란에 적합하지 않은 경우 역시 따로 준비해야 한다.

이때 바닥재는 구멍을 파기 쉬운 정도로 부드러워야 하고 수분을 유지할 수 있는 소재여야 한다. 이 조건에 맞으면서 구하기 쉬운 것은 가는 입자의 코코피트나 원예용 흙인 질석, 수태 등이 일반적이다. 이것을 용기에 넣는데, 용기는 도마뱀의 몸 전체가 들어갈 정도의 크기, 특히 깊이감이 있는 것이 좋다. 도마뱀들은 의외로 깊이 파고 들어가 산란한다. 깊이가 마음에 들지 않으면 산란하지 않을 수도 있으므로 자유롭게 조절할 수 있을 정도의 깊이가 있는 것으로 준비하자.

보통 10~15cm 정도 있으면 충분하다 (조금 더 얕아도 문제없는 경우도 있긴 하

다).

산란용 바닥재를 깔 때도 주의해야 한다. 간단하게 말하면 공개된 장소에 그냥 두는 것만으로는 개체의 마음에 들지 않아 산란하지 않을 가능성이 매우 높다. 그 이유는 단순히 개방된 곳이라면 알이 습격받을 수 있어 불안하기 때문이다. 산란용 바닥재는 흙을 덮고 코르크를 비스듬하게 감싸듯이 연출하여 '마음 편히 알을 낳을 수 있는 장소'로 만들어 주어야 한다. 또한 식물 화분 등을 그대로 두는 경우에는 식물의 뿌리에 산란하는 경우도 많이 있으므로 놓치지 않도록 주의해야 한다.

▲ 크레스티드 게코의 교비

▲ 수태 위의 알(크레스티드 게코)

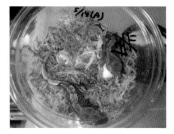

▲ 부화한 크레스티드 게코의 유체

02

알 관리

산란을 확인하면 흙을 살짝 치우고 알을 꺼내 따로 관리해 준다. 드물게 그대로 방치한 상태로 관리하는 사람도 있는데, 만일 그대로 부화한다고 해도 주의 깊게 살펴 유체를 발견해 즉시 꺼내 주지 않으면 유체가 부모에게 잡아먹힐 가능성이

▲ 알을 낳으면 플라스틱 용기 뚜껑에 구멍을 뚫어서 관리한다.

높으므로 알을 꺼내서 관리해 주는 편이 무난하다.

알은 무언가에 묻은 상태로 관리하게 되는데, 보습력이 있고 사육자가 관리하기 쉬운 것이라면 무엇이든 상관없다. 산란 시 바닥에 사용했던 코코피트나 칠석을 사용하는 사람도 있고, 수태를 쓰는 사람, 부화 전용 바닥재를 쓰는 사람, 최근 유행하는 부화용 에그 트레이에서 관리하는 사람 등 다양하다. 필자는 어떤 생물이든 수태를 사용해 부화시키는데, 그 이유는 겉으로 보았을 때 바로 습한 상태와 건조한 상태를 파악하기 쉽기 때문이다. 예전에는 크레스티드 게코 번식 때 100% 수태로 부화시켰다. 다만 이도 '수태가 최적'이라서가 아니므로 각자 여러 시도를 해보면 된다.

꺼낸 알은 상하로 뒤집지 않도록(수평 방향 회전은 문제없음) 하고, 가능한 한 태어난 방향 그대로 알 관리용 바닥재에 반쯤 묻은 상태로 보관한다(각도가 조금 흐트러지는 정도는 문제없다). 만일 굴러가 버리더라도 상하를 알 수 있도록 유성 매직 등으로 위에 표시해 두는 것도 방법이다. 그리고 중요한 포인트는 바닥재의 수분과 알 관리 시의 온도이다. 다만 중요

▲ 수태를 사용한 부화 사례

한 포인트이긴 하나 번식 경험이 적은 사람은 너무 깊이 생각한 나머지 온·습도 관리에 집착할 수 있는데, 심플하게 생각하면 된다.

우선 습도에 관해 말하자면, 건조한 상태를 걱정한 나머지 과하게 습한 경우를 매우 많이 봐 왔다. 예를 들면 수태 사용 시 다소 세게 짠 정도의 수분량으로도 문제없다. 문장으로는 매우 설명하기 어려우나, 만졌을 때 "아~ 젖어 있긴 하네요" 정도로 생각해 주면 된다(더욱 알기 어려워졌을지 모르겠으나…). 중요한 것은 만지는 순간에 축축할 정도로 물기가 많으면 안 된다는 것이다. 이는 자연을 보면

알겠지만, 숲속의 나무 밑을 10cm 정도 팠을 때 언제나 촉촉하게 젖어 있을까? 대답은 No일 것이다.

물론 장소 따라 다르겠지만, 일반적으로 표면은 말라 있고 밑으로 가면 갈수록 조금씩 촉촉한 정도라고 생각한다. 그 상태를 떠올려 주면 된다. 그 수분량을 부화할 때까지 유지해 주고, 마지막 5~10일간은 그보다 조금 더 건조한 상태로 두어도 좋다(오히려 다소 건조한 느낌이 좋을 것 같지만, 단언할 수 없으므로 확언은 피하도록 하겠다).

다음은 온도. 온도는 수분보다 더 오해하고 있는 사람이 많다. 일본인은 닭을 떠올리는 사람이 많아서 그런지 모르겠으나, '알=품는 것'으로 받아들이는 사람을 많이 목격한다. 결론부터 말하자면 따뜻하게 할 필요는 전혀 없다. 이렇게 표현

▲ 사육자가 번식시킨 크레스티드 게코 유체

LESSON 02

하면 오해를 살 수도 있겠지만, 핵심은 사육 온도를 유지해도 OK라는 것이다. 엄마 도마뱀이 "여기라면 알을 낳아도 괜찮겠다."라고 생각해서 산란한 환경(온도)을 그대로 유지하는 것, 그것뿐이다.

그 온도는 개개인에 따라 다르겠지만, 대개 사육에 적합한 온도인 약 22~27℃ 정도라고 생각하므로, 그 정도 수준이면 전혀 문제없다. 해외 브리더는 실제로 약 20~26℃에서 부화시킨 사례가 많으며, 필자도 거의 사육 온도인 약 20~25℃에서 부화시켜 왔다(솔직히, 정확히 온도를 측정한 적은 없으나, 실온이 그 정도였다). 이렇게 되면 이야기는 간단하다. 에어컨으로 관리하는 경우라면 알을 넣은 용기를 사육장 근처의 안전한 곳(실수로 용기를 뒤집거나 하지 않을 곳)에 두기만 하면 된다. 에어컨으로 관리하지 않을 경우에도 사육장과 같은 상황(기온)을 유지할 수 있다면 어떤 방식이든 상관없다고 생각한다. 군이 부화기나 냉온 기계 등에 넣어 알을 사육 온도 이상으로 따뜻하게 할수록 실패할 확률이 매우 높다. 원래 고온을 싫어하는 도마뱀붙이 친구들인데 알이 고온 상태를 좋아할 리가 없다. '데우는' 것이 아니라 '사육 온도에서 변화가 없도록 관리한다'는 차원에서 관리해 주면 된다.

부화 온도와 성별의 관계

파충류에는 알이 부화할 때의 기온에 따라 암수가 결정되는 온도 의존성 성 결정=TSD(*temperature dependent sex determination*)라는 특수한 성질을 지닌 종류가 있다. 그리고 그중 대부분은 고온 저습한 경우 암컷이, 그 사이가 수컷일 경우가 많다(*거북류 대부분은 다른 법칙이 보이며, 뱀류 전반적으로는 이 현상 자체가 보이지 않는다고 한다*). 도마뱀붙이 친구들도 예외가 아니며, 온도 의존성 성 결정은 존재한다. 그렇다면 그 온도 범위와 법칙은 어떨까? 라는 질문이 나올 텐데, 실제로 꽤 불명확한 부분이 많다. 꽤 오래된 크레스티드 게코 데이터로는 약

▲ 사육자가 번식시킨 가고일 게코 유체

22~25℃로 일정 관리한 경우 거의 50%의 성비(다소 암컷이 우세)이고, 낮 시간대에는 약 23℃, 밤에는 약 20℃로 내려가는 상황, 그리고 낮 시간대에는 25~27℃, 야간에는 3~4℃ 내려간 상황에서는 암컷이 우세(후자는 대부분이 암컷)라는 데이터가 있다. 역으로, 고온 상태에서 부화하면 수컷이 많다는 것은 최근 상황을 보면 분명하며, 데이터도 28℃ 이상에서 부화할 시 높은 확률로 수컷이 태어난다고 말한다(그 온도에서 도마뱀붙이의 알을 관리하는 것 자체가 다소 위험하다고 생각하지만…).

앞서 '알 관리'에서도 같은 내용을 언급했는데, 최근 특히 레오파드 게코의 부화 정보량이 많아서인지 걸핏하면 고온 상태에서 알을 관리하는 경향이 보인다. 또한 고온 상태에서 부화하면 그만큼 빨리 태어나는 탓인지, 그것을 이유로 고온 상

태에서 관리하는 사람들도 보인다.

최근 유입된 크레스티드 게코나 국내 번식 개체도 모두 수컷이 많은데, 아마 그 역시 단기간에 부화시키기 위해 고온 부화한 것이 원인일 것으로 보인다.

이번에는 크레스티드 게코를 예로 들었는데, 다른 도마뱀붙이속도 비슷한 법칙을 가지고 있다고 본다. 다만, 필자도 현 상황에서 정확한 데이터를 알 수는 없다. 크레스티드 게코 예도 100% 확실한 것은 아니므로 어디까지나 '참고'로 해 주기를 바란다.

LESSON

02

▶ 차화 게코 유체

부화 후 유체 먹이 적응하기

알 관리 시의 온도에 따라 다르기는 하나, 크레스티드 게코의 경우 대개 2개월(약 60일) 정도 있다가 부화한다(리키에너스는 3개월가량 걸린다). 만일, 약 20℃로 알을 관리했거나, 밤과 낮의 기온 차가 약간 있는 상태에서 관리한 경우는 며칠 더 걸릴 수도 있으니, 2개월 후 부화하지 않는다 해서 잘못됐다고 단정하는 것은 바람직하지 않다. 알에 치명적인 문제(크게 팬 자국이 있거나, 전체적으로 심하게 곰팡이가 피었거나)가 보이지 않는다면 속는 셈 치고 더 기다려 보기를 추천한다.

부화한 유체는 부화 후 1~2일 안에 탈피하므로, 그때 너무 건조하지 않도록 주의한다(이때 과습 또한 좋지 않다). 첫 탈피가 끝나고 1~2일 후부터 먹이를 먹기 시작하므로, 부화 후 3~4일 정도는 급여를 하지 않아도 괜찮다. 걱정되어 귀뚜라미 등을 주는 사람도 간혹 보이는데, 그저 스트레스를 줄 뿐이니 그럴 필요는 없다.

이제부터 드디어 급여가 시작된다. 미리 충고하자면 처음부터 잘 먹는 개체보다 그렇지 않은 개체가 더 많다… 랄까 잘 먹는 개체는 거의 없다고 해도 과언이 아니다. 우선 귀뚜라미를 주는 경우, 핀셋으로 잡아서 주면 그대로 먹는 일은 있을 수가 없다. 일단 한번 해 보고 안 되면 우선 사육장 안에 풀어놓고 반응하는지 모습을 살핀다. 다만 아마 그것도 먹지 않을 가능성이 높다고 생각한다. 또한 리키에너스 유체도 귀뚜라미에 적응하기까지 매우 고생하는 사례가 많다(생각해 보면 크레스티드 게코보다 훨씬 완고한 개체가 많다).

그러므로, 우선 귀뚜라미가 먹이라고 인식할 필요가 있다. 그럼 어떻게 하면 좋을까. 자주 사용하는 방법으로는 귀뚜라미의 머리(몸통 부분에서)를 떼어낸 뒤 나

온 체액을 입 주변에 묻혀 맛을 기억하게 하는 방법이 있다. 체액이 묻은 개체는 자기 몸에 묻은 귀뚜라미 체액을 혀로 닦아내듯 핥는다. 이때 계속해서 귀뚜라미를 갖다 대면 맛이 맘에 든 개체는 그대로 먹기 시작한다. 만일 맛이 바로 맘에 들지 않더라도 수일간 반복하면 신기하게도 먹기 시작하는 개체가 많으므로 끈기 있게 계속 시도해야 한다. 다만, 완고하게 계속 먹지 않는 개체도 있으므로 어느 정도 시도해도 안 되는 경우 다른 먹이를 시도해 보는 것도 좋은 방법이다.

귀뚜라미가 아닌 슈퍼푸드를 먹이며 키우고 싶은 경우도 같은 방법으로 먹이를 주게 된다. 작고 긴 티스푼이나 커피를 저을 때 쓰는 작은 스푼 등을 준비하면 주기 쉬울 것이다. 한번 맛을 느끼고 적극적으로 먹기 시작하게 되면 그 뒤로는 자율 배식을 해 줘도 문제없다. 다만, 자율 배식하는 경우 너무 큰 그릇에 액체 슈퍼푸

드를 가득 두면, 몸이 작고 힘이 약한 유체는 적절한 점도가 있는 슈퍼푸드 안에서 '늪에 빠진 듯한' 상태가 될 위험성이 있으니, 몸이 들어가지 않을 정도로 작은 그릇을 선택해야 한다.

앞서 언급했듯 먹이에 적응하기까지 예상했던 것보다 훨씬 많은 끈기가 필요하다. 특히 크레스티드 게코나 리키에너스 유체는 먹이 주기 힘든 개체가 많다. 다만 이는 '배운다기 보다 익숙해지는 것'이므로 계속 반복하지 않으면 나아지지 않는다. 도마뱀붙이 먹이 주기는 어쩌면 '기술'의 영역이라고도 할 수 있다.

Chapter

05

도마뱀붙이 도감

| picture book of *"Rhacodactylus"* |

수는 적으나, 로컬리티(지역개체군)와 품종에 더해
개체마다 다른 개성을 보이는 도마뱀붙이들을
다양한 사진과 함께 소개해 드리겠습니다.

크레스티드 게코(벗도마뱀붙이)

학 명 *Correlophus ciliatus*

분 포 뉴칼레도니아/본섬(그랑테르)남부·파인섬 및 그 주변 섬

총길이 약 15~23cm **꼬리재생** 하지 않음

전 세계의 마니아들 사이에서 레오파드 게코와 함께 반려 도마뱀으로 가장 친숙한 대표적인 도마뱀붙이 종으로, TOP3에 들어갈 만큼 인기가 많다. 일본명은 왕관도마뱀붙이라는 이름인데, 머리에 왕관을 쓴 것처럼 보인다고 붙여졌으며, 머리 넓이는 성별, 개체에 따라 조금씩 다르다.

가장 유명한 종이기는 하나, 1994년부터 약 100년간 자연 속에서 야생 개체가 전혀 발견되지 않았고, 한때 멸종했다는 설이 유력했다. 그 후 시행된 조사에서 최초 발견된 포인트가 원래 서식하던 지역이 아닌 그 외의 지역이었다는 점이 드러났고, 기존 분포 지역에서도 일정 수준의 개체가 확인되었다. 그러나 현재도 야생에서 가고일 게코보다도 자주 보이지 않아, 실제 서식 개체 수는 적은 것인지, 아니면 발견하기가 어려운 것인지 아직 불명확한 점이 많은 도마뱀이다.

처음에 소수의 연구자가 뉴칼레도니아에서 데려온 개체가 최근 수십 년 사이에 미국, 유럽을 중심으로 대량 번식되어 지금은 마니아들이 다양한 컬러 베리에이션을 즐길 수 있게 되었다.

그러나, 그 패턴과 컬러 유전에 관해 정확하지 않은 내용도 많아 현재로서 이 종 중에 확실한 유전성을 가진 품종은 적다고 할 수 있다. 예를 들어 전혀 패턴이 없는 개체를 메이팅한 경우, 화려한 할리퀸 타입이 나오는 경우가 매우 흔하다. 그리고 그 반대도 역시 그렇다. 다만, 이에 대한 여러 설이 있는데, 오래전에 이미 다양한 패턴을 조합해 보았기 때문에 현재 다양한 피가 섞이게 된 나머지, 어떤 패턴이 태어날지 정해지지 않았다는 의견도 일부 있어서, 현시점에서는 100% 단언할 수 없다. 굳이 말하자면, 달마시안과 레드 계열 모프 등은 폴리제네틱(다인성 유전)을 이용한 선별 교배가 어느 정도 가능하다고 인식되어 있으며, 실제로 달마시안 등 우량 혈통은 매우 가격대가 높다는 것이 그 증거다. 그리고 핀스트라이프는 비교적 안정적으로 패턴이 나온다고도 한다. 예외로는 수년 전에 영국의 마니아가 발표한 릴리화이트는 수량이 적다(라기보다 최초의) 공우성유전이 확인된 모프이며, 앞으로도 그 모프에 기반한 모프가 등장할 가능성이 높을 것으로 보인다.

크레스티드 게코 사육은 도마뱀붙이 사육의 기본과 같으므로 무난하다고 할 수 있고 인기 종인 만큼 매우 작은 개체가 저렴한 가격에 많이 유통되고 있다. 그러나 건조에 약하거나(탈피 부전이 원인), 무언가를 잘못 섭취하여 사망할 확률이 매우 높기도 하므로 사육 경험이 적은 사람에게는 부적합할 수도 있다. 찾아 헤매지 않아도 유통량이 워낙 많기 때문에 잘 보면 어느 정도 자란 크기이면서 자신이 원하는 패턴의 개체를 찾을 수 있으므로 신중하게 선택하기를 바란다.

아울러 품종명이 매우 많은데, 기본적으로 모두 '판매명'이라고 생각하면 된다. 할리퀸 플레임, 달마시안, 핀스트라이프, 솔리드 계열, 타이거 그리고 릴리 화

이트. 이게 기본 명칭이며, 제대로 개념도 정해져 있는데, 특히 컬러가 붙은 이름은 대개 브리더나 판매자가 주관적으로 붙인 이름이 많으므로, 다른 곳에서 완전히 같은 이름, 같은 표현을 사용하지 않을 수도 있다(같은 이름이라도 전혀 다른 개체가 있을 수도 있으므로). 미국, 유럽의 박람회에서는 단순히 모두를 'Crested Gecko'라고만 표기하고 판매하는 사례도 적지 않다. 이는 유전성이 뚜렷하지 않다는 사실을 반증하는 사례이기도 한데, 목표를 두고 만들어 내기 어려운 만큼 각 개체가 세상에 오직 하나뿐이라는 말도 되므로, 그 한 마리의 가치가 높아진다고도 할 수 있다.

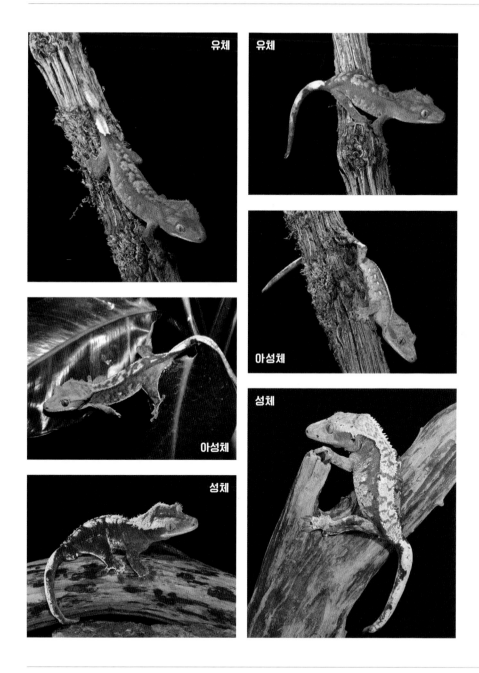

유체

유체

아성체

성체

아성체

성체

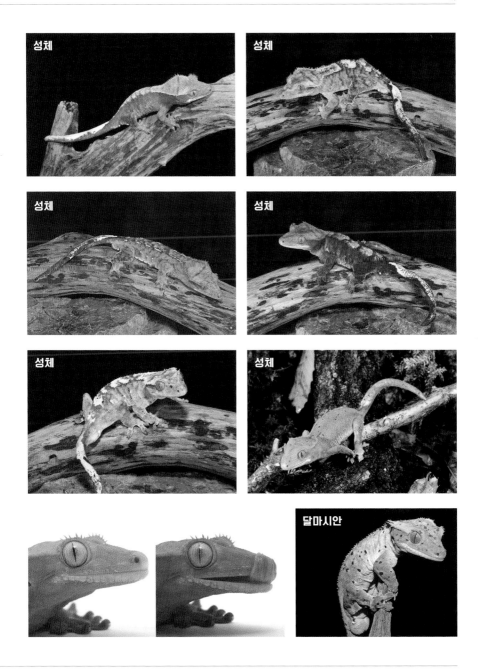

성체

성체

성체

성체

성체

성체

달마시안

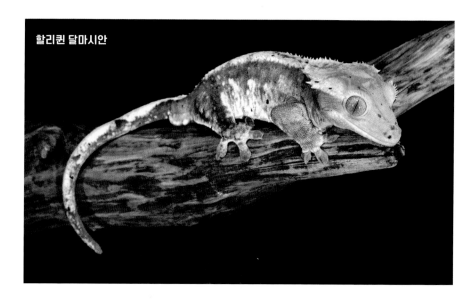

할리퀸 달마시안

달마시안

달마시안

달마시안

할리퀸 달마시안 그린 타입

슈퍼 달마시안

블랙

블랙

블랙

브린들

할리퀸

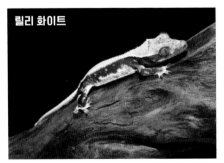
릴리 화이트

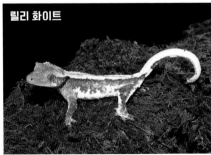
릴리 화이트

릴리 화이트

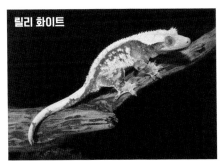
릴리 화이트

릴리 화이트

타이거

프레임

브린들

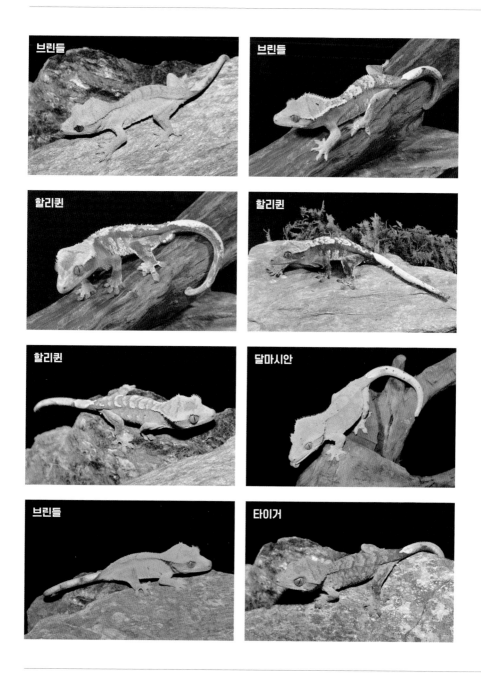

브린들

할리퀸

레드

딥 레드

익스트림 레드

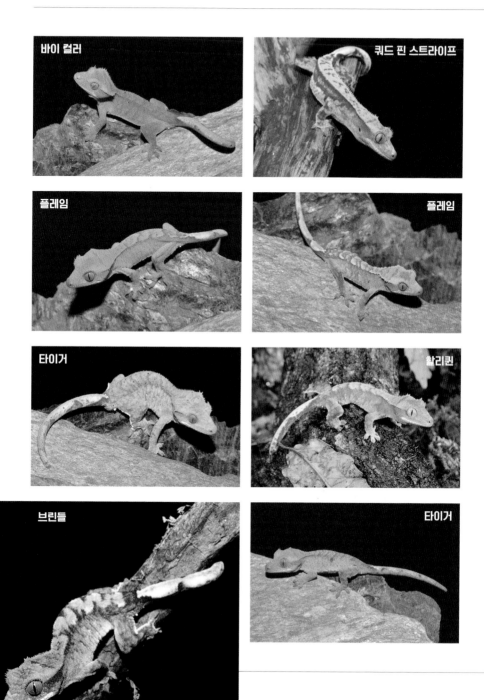

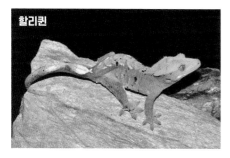

할리퀸

브린들

브린들

쿼드 핀 스트라이프

쿼드 핀 스트라이프

할리퀸

브린들

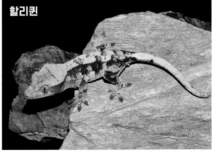

할리퀸

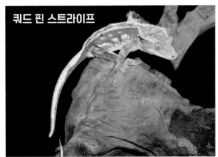

쿼드 핀 스트라이프

할리퀸

크라운

핀 스트라이프

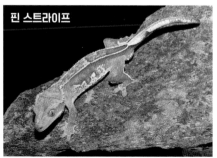
핀 스트라이프

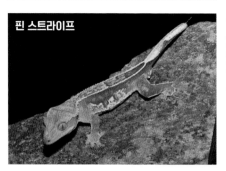
핀 스트라이프

핀 스트라이프

핀 스트라이프

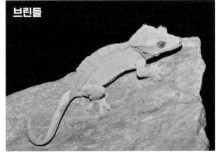

브린들

세브론 백

브린들

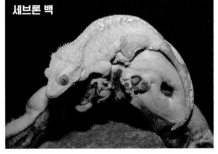

세브론 백

플레임

타이거

할리퀸

유통명 및 학명

가고일 게코(Rhacodactylus auriculatus)

학명	*Rhacodactylus auriculatus*
분포	뉴칼레도니아/본섬(그랑테르)남부
총길이	약 18~23cm	꼬리재생 재생함

크레스티드 게코와 함께 도마뱀붙이를 대표하는 인기 종 '가고일 게코'는 괴물을 나타낸 서양의 조각 이름으로, 머리 양쪽에 발달한 한 쌍의 혹이 풍기는 비범한 외모에서 유래했다.

유감스럽게도, 유통량도 많고 인기도 단연 1위인 크레스티드 게코에게 가려진 느낌이 있었으나, 최근에는 가고일 게코

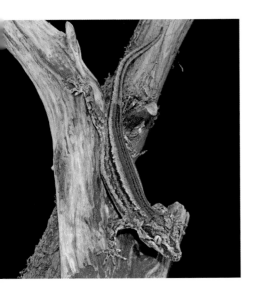

도 그들만의 멋진 컬러와 패턴으로 어필하며 크레스티드 게코만큼 주목받고 있다.

가고일 게코는 도마뱀붙이 친구들 중 야생에서 만날 기회가 가장 많은 종이다. 다른 종보다 순응성이 높다고 하며, 고온에서도 다른 종보다 내성이 있는 것으로 보인다. 사육할 때는 처음 사육하는 사람일수록 크레스티드 게코를 선택하는 경향이 있으나 만일 "가고일 게코가 더 좋지만, 처음이니 아무래도 크레스티드 게코를…"이라고 생각한다면, 다시 생각해 보고 가고일 게코를 선택하기를 바란다. 사육 시 먹이에 대한 호불호도 적은 편이며, 기본적으로 상태만 괜찮다면 특별한 취향 없이 뭐든 잘 먹을 것이다. 그런 의미에서도 초보 사육자에게 크레스티드 게코보다 쉽게 다가올 것이다. 다만, 파충류도 좋아하므로, 같은 종의 꼬리도 덥석 물어버리는 일이 많기 때문에 여러 마리를 키울 때는 세심한 주의를 기울여야 한다 (여러 마리를 키우지 않는 게 무난하다).

사육은 도마뱀붙이 사육 기본 매뉴얼대로 하되, 가고일 게코는 자외선을 잘 쪼

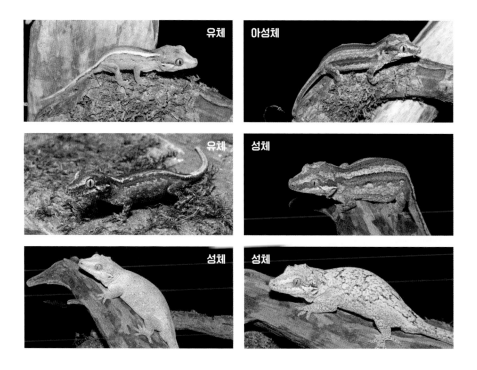

일 수 있도록 해 주어야 한다. 본문에서 언급한 바와 같이 예전부터 가고일 게코만큼은 자외선이 필요하며, 실제 사육 시 일광욕을 하거나, 자외선을 공급해 주며 키운 개체가 양호한 결과를 낸 사례가 많다. 각 사에서 판매하는 형광등 타입으로도 전혀 문제없으므로, 자외선 양 중간 정도의 형광등을 적극적으로 사용하도록 하자(고온을 발생하는 스팟 램프는 물론 필요 없다). 또한 크레스티드 게코보다 동물성을 좋아하므로 슈퍼푸드를 사용하는 경우 동물성 단백질이 많이 배합된 것을 사용하고, 가능하면 곤충식도 적극적으로 해 주면 좋다.

가고일 게코도 이름이 다양한데, 크레스티드 게코와 마찬가지로 레오파드 게코처럼 제대로 된 '모프'(A와 B를 교배하면 C가 나온다는 식의)는 없다고 할 수 있다. 다만, 스트라이프나 마블(Reticulated) 등의 패턴이나 붉은 기의 강한 정도는 폴리제네틱(다인성유전)에 따라 선별 교배가 가능해서 부모의 특징을 뚜렷하게 이어받는다고 단언하는 브리더도 많으므로, 브리딩에 흥미가 있는 사람은 멀리 보고 우직하게 임해야 한다.

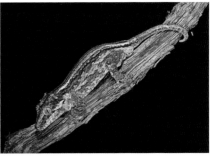

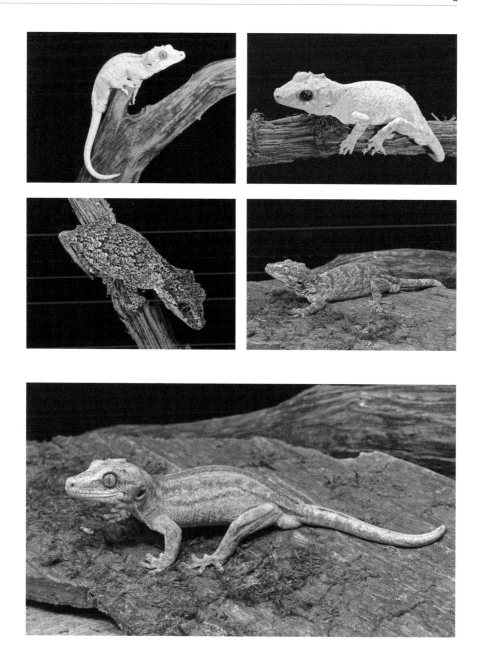

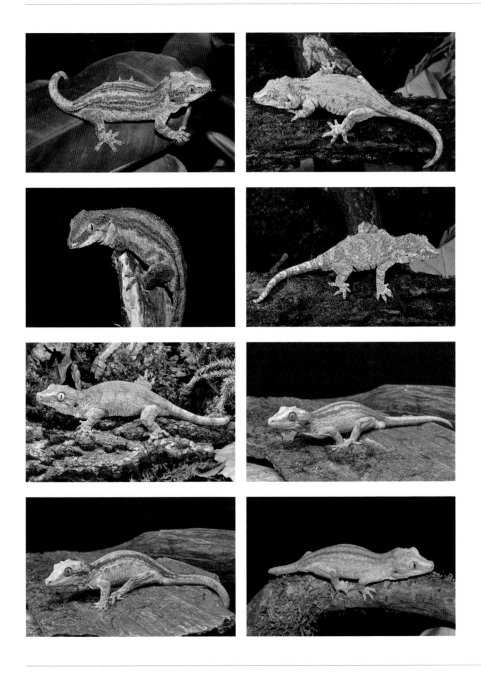

마블

마블

마블

마블

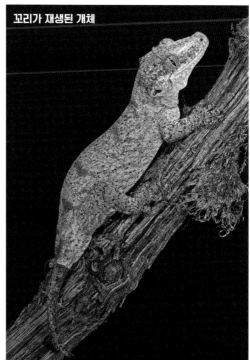
꼬리가 재생된 개체

레드 마블

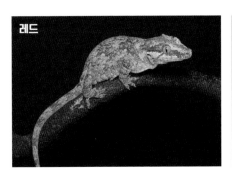

레드

오렌지 스트라이프

레드 스팟

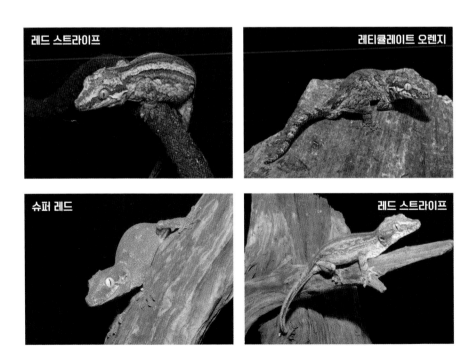

레드 스트라이프

레티큘레이트 오렌지

슈퍼 레드

레드 스트라이프

레드 브로치

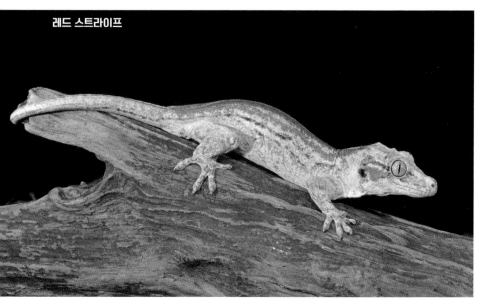
레드 스트라이프

스트라이프

스트라이프

스트라이프

트리 컬러 스트라이프

트라이 스트라이프

트리 컬러 스트라이프

시라시노룸 게코(Roux's giant gecko)

학명 *Correlophus sarasinorum*
분포 뉴칼레도니아/본섬(그랑테르)남부
총길이 약 20~27cm   **꼬리재생** 재생함

특징적인 종이 많은 도마뱀붙이 중 비운의 도마뱀이라고 불러야 할지도 모른다. 확실히 크레스티드 게코나 가고일 게코에 비해 이렇다 할 특징이 없다고 하면 그럴 수도 있으나, 도마뱀붙이 중 이렇게 얌전한 모습을 한 종류가 한 종은 있어도 되지 않을까. 최근에는 루스 자이언트 게코라고 불리기도 하는데, 이 종은 상상 이상으로 크다고 알려져 있다. 25cm를 넘는 사례도 많고, 성체가 된 모습은 매우 근사하다. 야생에서의 세부 내용은 불확실한 점이 많은데, 국소 지역에 분포되어 있으며, 그 수는 도마뱀붙이 중에서도 적은 편에 속한다고 한다. 그래서인지 도마뱀붙이 중에서 가장 나중에 반려동물로서 유통된 종이다. 지금도 매우 유통량이 적은 종이며, 특히 최근 수년간 수요가 높아지고 있어 더욱 볼 기회가 급격히 줄어들고 있다고 할 수 있다(2020년 10월 기준 다소 안정되었다).

사육에 관해 말하자면, 특별히 어려운 종은 아니나, 마지막 크기가 꽤 크므로, 크레스티드 게코를 생각하고 사육장을 선택하기보다, 뒤에 등장할 리키에너스

사육으로 세팅하는 게 바람직하다.

또한 이 종은 성별 판별이 어렵고, 생후 반년 정도 만에 판별하기란 거의 불가능하다고 할 수 있다. 지레짐작하다가 틀릴 수 있으므로 유체부터 키운다고 하면 1년 정도 진득하게 사육한 뒤 판별하도록 하자.

이 종은 크레스티드 게코처럼 다양한 컬러 베리에이션이라고 할 만한 사례가 현재 거의 알려지지 않았으나, 목 부위에 하얀 선이 깃처럼 들어가 있는 화이트 칼라(*White Collar* = 하얀 깃)라고 불리는 타입과 등에 하얀 반점이 있는 타입(및 그 둘 다 있는 개체), 그리고 거의 아무것도 없는 무지 타입이 있다. 그 모양이 열성 유전이라고 알려져 있는데, 실제로 그 유전성은 불확실한 부분이 많다.

유체

아성체

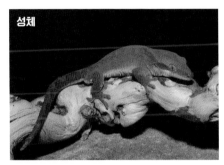

성체

성체

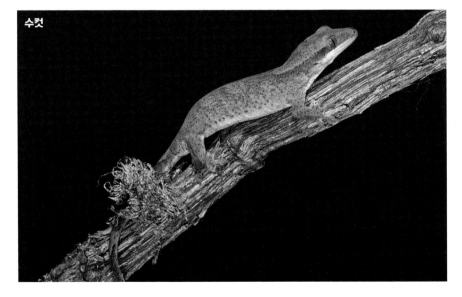

수컷

수컷

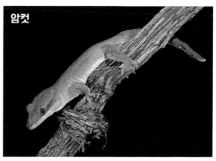
암컷

화이트 스팟. 꼬리가 재생된 개체

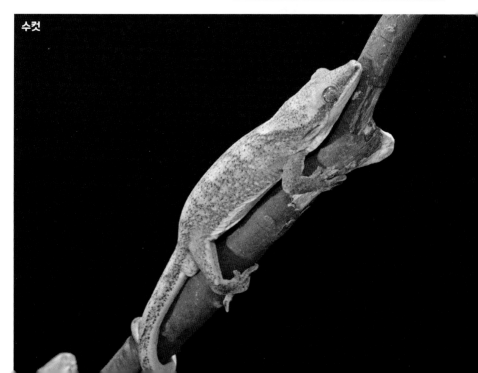
수컷

화이트 스팟

솔더 스트라이프

차화 게코

학 명 *Mniarogekko chahoua*

분 포 뉴칼레도니아/본섬(그랑테르)중부에서 남부에 걸친 지역과 파인(판)섬

총길이 약 20~26cm   **꼬리재생** 하지 않음

마다가스카르에는 다양한 납작꼬리도마뱀붙이속(*Uroplatus*)이 서식하고 있다. 납작꼬리도마뱀들은 낙엽이나 나무껍질, 지의류 등에 의태하는데, 이 종은 납작꼬리도마뱀 친구들인가 싶을 정도로 지의류를 본뜬 듯한 컬러가 매우 특징적이자 매력적이다. 영어로 Mossy New Caledonian Gecko라고도 불리는데, 그 특징을 나타낸 이름이라고 할 수 있다.

이 종은 본섬과 그 남동부에 위치한 파인섬에서도 서식하고 있으며 최근 산지별로 나눠 유통되기 시작했다. 실제로 두 개체의 차이는 매우 애매하다는 게 필자의 생각이나, 색채는 파인섬의 개체가 본섬 개체군보다 핑크빛을 강하게 띠는 느낌이 있다. 파인섬의 개체군이 전체적으로 조금 더 크게 자란다고 하는데, 그것은 개체 차이 수준이며 사육 방식에 따라서도 다를 것이므로 단언할 수 없다. 또한, 최근 파인섬산 개체 중 목 부위에 하얗고 큰 반점이 보이는 개체가 주목받고 있는데, 이는 모든 개체에서 드러나는 특징은 아니며 애매한 부분도 있으므로 단정할 수 없다. 모두 유체~아성체 때 확실히 판별하기는 거의 불가능하므로(*성체도 쉽지 않을 것으로 생각한다*) 신뢰할 수 있는 파충류 숍에서 구입하는 게 좋다.

사육에 관해 특별히 언급할 정도로 어려운 점은 없다. 매우 공격적인 개체가 많으며, 곤충식을 좋아하는 개체가 많다(*곤충류를 많이 주면 좋다*). 다른 종에 비해 기온이 다소 높은 편에서도 잘 견디며 성체가 되면 30℃ 정도에도 꿈쩍하지 않는 개체가 많지만 무리는 금물이다. 이 종은 꼬리가 재생되지 않으므로(*애매하게 나오다가 끝남*) 꼬리가 끊어질까 걱정될 때는 여러 마리를 합사하지 않는 게 무난하다.

다른 종만큼 다양한 컬러 베리에이션(모프)은 현시점에 존재하지 않으며, 산지(로컬리티)로 분류해 판매되고 있다. 예전에는 파인섬 산의 개체가 많은 느낌이었는데, 최근 들어 본섬 산(*그랑테르, 메인랜드 등의 이름으로 유통*)이 더 많은 추세다. 산지 간 교잡 개체이거나 산지 불명인 경우 표시가 없을 수도 있다. 산지가 중요한 사람은 피하면 되고, 그렇지 않은 사람은 신경 쓰지 않아도 된다. (*어디까지나 자기만족의 세계이므로…*)

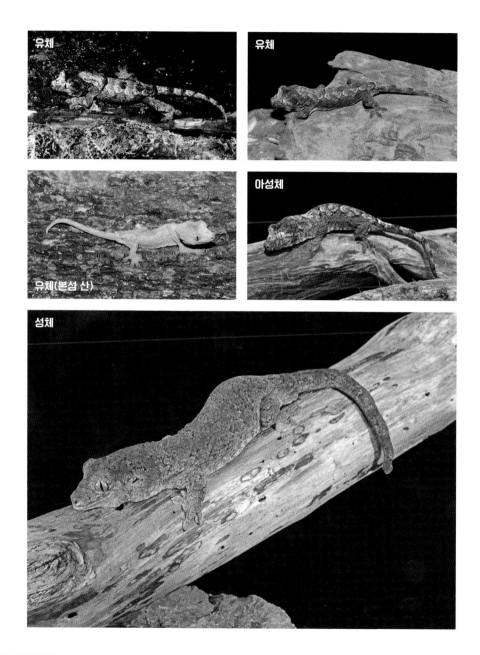

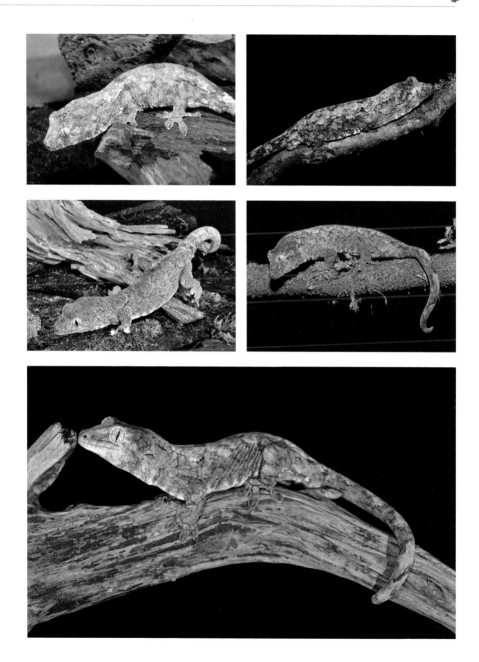

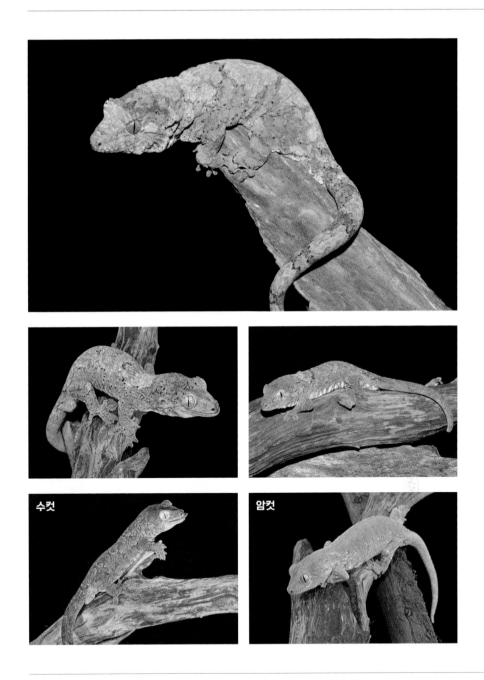

파인섬 산

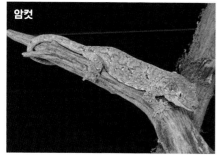

암컷

잘루 게코

학 명 *Mniarogekko jalu*

분 포 뉴칼레도니아/본섬 북부의 극히 일부·벨레프섬

총길이 약 20~26cm   **꼬리재생** 하지 않음(으로 보인다)

아마 대부분 이 이름이 익숙하지 않을 것이다. 그도 그럴 것이 이 종은 2012년에 차화 게코(Mniarogekko chahoua)에서 분류상 별종으로 나뉘어 독립 종이 된 매우 새로운 종이기 때문이다.

별종이 되었다고 해서 외견상 큰 차이가 있느냐고 하면 현재 외견(색이나 형태)으로 식별하기란 거의 불가능하다. 실제로 보고 비교해 보았으나 솔직히 구분하기 매우 어려웠다. 굳이 말하자면 이 종이 얼굴이 짧고 몸통이 길어 보이는…것 같은데 이 종을 많이 보지 못했으므로 아무말도 할 수 없다. 정확히 식별하려면, 이 종이 차화 게코보다 천공이 적으므로 그 수로 구별할 수 있다고 한다.

사육은 차화 게코와 같은 방법으로 하면 문제없다. 다만 유감스럽게도 2020년 10월 기준 일본 유통량이 극소량이므로 사육 정보도 거의 없다. 앞으로도 당분간은 어림짐작으로 파악할 수밖에 없는데, 필자의 경험상 딱히 키우기 어려운 종은 아니므로 검토 중이라면 걱정하지 말고 시도해 보기를 바란다.

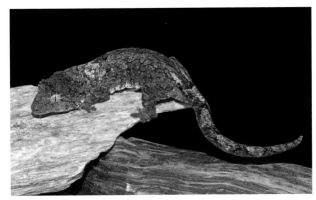

암컷

수컷

리키에너스 게코

학명 *Rhacodactylus leachianus*
분포 뉴칼레도니아/본섬(그랑테르)·파인섬·그 외 주변 섬
총길이 약 25~37cm　**꼬리재생** 재생함

'Giant'라는 이름이 어울리는 뉴칼레도니아… 아니, 전 세계를 대표하는 초대형 도마뱀. 토케이 게코(*Gekko gecko*)도 이 종에 필적할 정도로 크게 자라지만, 토케이는 몸에 비해 꼬리가 길고 리키에너스는 몸에 비해 꼬리가 짧고 두꺼워 실제 크기보다 더 커 보인다. 현재 전 세계에서 가장 무거운 도마뱀붙이로 불리는데, 아마 사실일 것이다(총 길이에 관해서는 여러 설이 있다). 이 종은 현재 2개의 아종

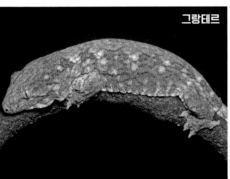

그랑테르

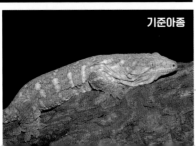

기준아종

이 유통 중인데 본섬(그랑테르)에 서식하는 기준아종Rhacodactylus leachianus leachianus와, 파인섬 및 그 주변 무인도를 중심으로 분포한 Rhacodactylus leachianus henkeli로 나뉜다. 한때 Rhacodactylus leachianus aubrianus라는 아종도 존재했다는 설이 있으나 수십 년 전에 말소되었다고 한다.

매우 많은 로컬리티가 존재하고 경험이 적은 사람은 물론, 꽤 경험이 있는 사람도 완벽하게 구분하기는 어려운데, 대략 기준아종(*R. l. leachianus*)이 더 크고, 아종(*R. l. henkeli*)은 조금 더 작다고 알려져 있다. 특히 기준아종 Poindimie(푸앙디미에)산과 Yate(야테)산은 매우 크게 자라므로 마니아층에서 인기가 많다. 그러나 유통량은 물론 적고, 가격도 리키에너스 중 매우 높은 편이다. 한편, 아종은 Nuu ana(누아나)산이 특히 작은 개체군이며, 색감이 밝고 아름다워 키우고 싶어 하는 팬이 많고 유통량도 비교적 많다.

예전에는 henkeli 아종이 30cm가 채 되지 않는다(사실 여부는 불명)고 알려졌다. 다만 이 종의 크기는 사육 방법이나

그랑테르   그랑테르

사육자의 육성 기술, 사육 환경에 따라 크게 좌우된다고 본다.

좁은 사육장에서 먹이를 조금 주고 키운 기준아종은 일반적으로 키운 아종보다 작을 것이기 때문이다. 그러므로 크기는 어디까지나 WC의 조사 데이터일 뿐, 사육 시 개개인의 기량과 환경에 달려 있다고 보면 된다.

대형 파충류가 존재하지 않는 뉴칼레도니아에서는 파충류의 정점과 같은 존재로, 소형 도마뱀붙이나 돌도마뱀붙이과 친구들(Bavayia spp.) 등을 대거 포식하는 것으로 보인다. 그 증거로 거식 상태에 빠진 개체에 살아 있는 도마뱀을 주면 눈빛이 바뀌며 달려든다는 사례를 여러 번 들었다.

촉감이 좋은 도마뱀으로, 무게감과 함께 핸들링을 즐기는 사육자가 많다. 움직임도 느긋하므로 처음 접하는 사람도 충분히 손 위에 올리고 감촉을 즐길 수 있을 것이다. 그러나 성숙한 리키에너스 중에는 의외로 공격적인 개체도 많고, 공복일 때, 발정이 일어났을 때는 꽤 공격적으로 행동하는 개체도 많다. 특히 사육장 안에 손을 넣은 순간에 돌아보자마자 덥석 무는 개체가 많으므로, 유지 관리 시 주의를

기울여야 한다. 대형 개체의 이빨은 매우 날카롭고 물리면 출혈을 피할 수 없으니, 걱정된다면 가죽 장갑을 상비해 두자. 일단 손에 올리면 그 손을 물지는 않으므로, 만지는 첫 순간에 주의해야 한다.

사육 시 유체기(생후 3~4개월까지)는 다소 민감하다. 특히 탈피 부전을 예의 주시해야 하는데, 그 외에는 다른 도마뱀붙이 사육 방식대로 해도 문제없다(크게 자라므로 대형 사육장은 필요하다). 특히 20cm를 넘는 개체는 튼튼하달까 옹골차다는 말이 어울릴 정도로 어지간히 나쁜 환경(30℃ 이상의 온도가 이어지거나 항상 건조한)이 아닌 이상 아플 일은 없다. 다만, 이 종은 크기가 큰 만큼 먹이도 많이 먹으므로, 슈퍼푸드 과식으로 인한 비만에 주의하자. 그리고 드물게 거식중에 빠지는 경우가 있으므로 곤충과 슈퍼푸드, 과일, 핑키 등을 밸런스 좋게 급여해 주도록 하자.

야테.
유통 초기 푸앙디미에와 함께
타입A로 불리기도 했다.

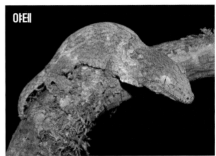

야테

푸앙디미에.
유통 초기 야테와 함께
타입A로 불리기도 했다.

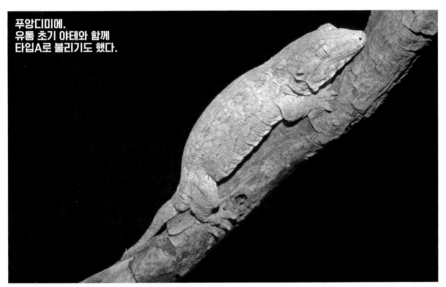

야테

푸앙디미에

헨켈

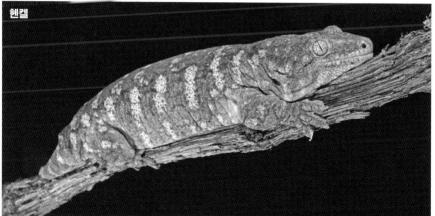
헨켈

헨켈 핑크

헨켈

헨켈 파인

헨켈 누아나

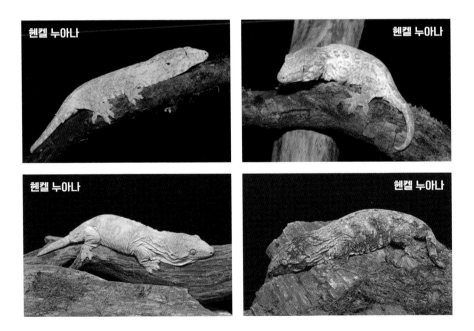

헨켈 누아미 · 헨켈 누아미 · 헨켈 누아미 · 헨켈 누아미/스노우 플레이크 · 헨켈 누아미 · 헨켈 누아미 · 헨켈 브로스 · 헨켈 베어네즈

헨켈 누아미

헨켈 베어네즈

헨켈 베어네즈

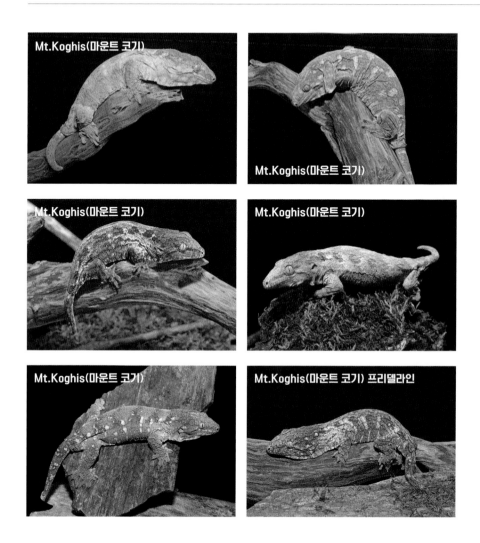

Mt.Koghis(마운트 코기)

Mt.Koghis(마운트 코기)

Mt.Koghis(마운트 코기)

Mt.Koghis(마운트 코기)

Mt.Koghis(마운트 코기)

Mt.Koghis(마운트 코기) 프리델라인

모로

모로

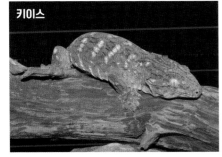

키이스

타입B. 유통 초기에 불리던 그랑테르의 1타입으로 기준아종과 아종의 교잡개체일 가능성도 있다.

타입C.
대형 타입으로 알려졌으나 거의 유통되지 않는다.

러프스나우트 자이언트 게코

학 명 *Rhacodactylus trachyrhynchus*
분 포 뉴칼레도니아/본섬(그랑테르) 중부에서 남부에 걸쳐 흩어져 있음
총길이 약 25~33cm　　**꼬리재생** 재생함

일본어로 '코모치(유자녀라는 뜻)'라는 이름대로 알이 아닌 새끼를 낳는다는 도마뱀… 아니, 도마뱀이라는 종 안에서도 지극히 이단적인 존재다. 파충류 중 태생 종은 많으나 도마뱀으로 따지면 필자는 이 종 외에 다른 태생 종은 떠오르지 않는다. 태생이라도 해도 인간과는 다르게 암컷의 몸 안에서 알을 만들고 그 알이 그대로 체내에서 부화해 새끼가 자란 후 암컷의 몸 밖으로 나오는 '난태생'이다.

매우 희소한 도마뱀붙이 친구로, 뒤에서 언급할 레서 러프스나우트 자이언트 게코와 함께 유통량이 다른 종 대비 매우 적으며, 고가에 유통되고 있다(최근 새로

이 분류된 잘루 게코 제외). 이는 원래 조상의 유통량 차도 있겠지만, 출산 개체 수나 성숙 속도가 크게 영향을 주는 것으로 보인다. 이 종은 성숙이 매우 느려 보통 다른 종이 2~4년 정도면 성숙하는 데 비해, 이 종은 5년이 되어도 부족하다는 설이 유력하다. 그리고 난생 종은 1년간 여러 번 산란하나, 이 종은 1년에 1번 출산하며 출산 개체도 1~2마리이므로 번식 개체가 아무리 생각해도 다른 종 대비 적다고 할 수 있다(2년에 1번이라는 설도 있으나 자세하지 않음).

리키에너스의 꼬리 모양에서 조금 더 길고 전체적으로 가늘고 긴 모습인데, 일

굴은 이 종이 더 동그랗고 착한 인상을 준다. 그러나 다소 겁이 많은 성격의 개체가 많으며 몸의 크기에 비해 움직임은 민첩하다. 그러므로 무리해서 핸들링하지 않는 편이 무난하고 사육장 안에 튜브 형태의 코르크 등을 설치하여 안심하고 쉴 수 있는 곳을 여러 개 만들어 주어야 한다. 도마뱀붙이 친구들의 매력이 촉감이기는 하나, 이 종은 다르다. 사육 시 리키에너스 기준으로 하면 문제없으나, 이 종은 다른 종보다 습도를 좋아하는 경향이 있으므로, 통기성이 좋은 사육장을 사용하는 경우 물을 자주 뿌려주거나 자동 미스팅 장치를 활용해도 좋다.

물속으로 잠수하는 행동을 보인다는 설도 있으나 이는 전해지는 이야기이며, 필자 주변의 사육자들은 물에 들어가는 모습을 본 적이 없다고 하므로 유지 관리 상황에 따라 습도가 어느 정도 만족스러운 수준이면 무리해서 물에 들어갈 필요가 없을 것으로 보인다. 장소에 여유가 있다면 물론 넣어주어도 좋을 것이다. 먹이는 곤충 등 동물성 단백질을 좋아하므로, 귀뚜라미나 미꾸라지류를 중심으로 주고, 잘 먹는다면 슈퍼푸드나 과일 등을 다양하게 주는 것이 제일 좋다.

유통명 및 학명

레서 러프스나우트 자이언트 게코

학명 *Rhacodactylus trchycephalus*
분포 뉴칼레도니아/파인섬 · 모로섬 모두 매우 좁은 범위에 분포
총길이 약 23~30cm   **꼬리재생** 재생함

앞서 설명한 러프스나우트 자이언트 게코(Greater)에 비해 몸통이 조금 작아서 레서(Lesser = 더 작은)이라는 이름이 붙었고, 일반적으로 'Greater', 'Lesser', 혹은 학명에 따라 '트라키린처스', '트라키세 펄스'라고 부르는 마니아가 많다. 이 종은 예전엔 Greater의 아종으로 분류되었다.

2종을 겉모습으로 판별하기는 매우 어렵다. 색상의 차이는 있다고 하나 (Greater가 더 노란기를 띤다?), 이는 서식 범위가 넓은 Greater 개체차라는 설도 있으므로 뭐라고 말할 수 없다. 입술 끝의 비늘 형태가 다르다든지, 입술 부위의 요철과 얼굴 크기 등에 차이가 있다고 하나, 이도 일반적으로는 2종을 나란히 두고 비교하지 않는 이상 알 수가 없다(비교해서 보아도 어렵다는 의견이 있다). 그러므로 신뢰할 수 있는 브리더 및 숍에서 구입하는 게 바람직하다.

암수 차이는 다른 종과 달라, 유체 시기부터 알 수 있다. 수컷은 하얀 점이 눈에 띄고 암컷은 뚜렷하지 않다. 성체가 되면 수컷도 점점 흐려지는데, 둘을 놓고 비교하면 한눈에 알 수 있다. 그리고 이는

Greater도 마찬가지이므로, 모두 유체 시기부터 암수 한 쌍을 함께 키울 수 있는 희귀한 종이라고 할 수 있다.

사육은 Greater 기준으로 키워도 문제없으나, 이 종은 조금 더 신경질적인 개체가 많다고 하므로, 사육 시 주의가 필요하다. 또한, Greater도 마찬가지지만, 암컷끼리 다투는 경우가 있다고 알려져 있으므로 불필요한 복수 개체 합사는 피하는 게 좋다.

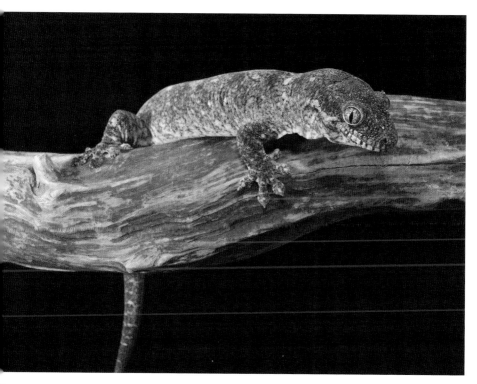

|기|본|용|어|집|

Basic glossary of New Caledonian gecko *"Racodactylus"*

핸들링	손에 개체를 올리거나 어느 정도 고정 (도망가지 않도록 잡는) 하는 것 . 도마뱀붙이 사육의 즐거움이라고 할 수 있으나 , 대부분의 개체는 손으로 잡는 것을 매우 싫어한다 . 손바닥 위에 올려 도마뱀이 움직이는 방향으로 손을 내어주는 식으로 해 주자 .
반데르발스힘	반데르발스 흡착이라고도 한다 . 문어처럼 빨판이 있는 것도 아니면서 매끈한 벽을 기어오르는 도마뱀을 신기해하는 사람이 많은데 , 바로 이 힘 덕분이다 . 본문에도 언급했는데 , 도마뱀의 사지 바닥에는 강모라는 특수한 기관이 있다 . 강모와 반데르발스 힘의 작용 원리는 필자를 포함해 대부분이 완전히 이해하기 힘들 만큼 과학적이고 난해한 구조이므로 , '이런 힘으로 붙어 있는 거구나' 정도로만 생각하면 충분하다 .
로컬리티	영어 locality 를 그대로 말한 단어 . 의미는 그대로 '산지' 라는 뜻으로 쓰인다 . 도마뱀붙이 친구들 중에는 리키에너스나 차화 게코가 산지에 따라 특징이 달라 로컬리티 (산지) 를 중요시하는 사람도 많다 .
모프	영어 morph 를 그대로 사용하고 있는데 , 의미는 직역한 '모습 , 형태' 라기보다 '품종 (으로서의 모습)' 으로 쓰인다 . 그런 의미에서 도마뱀붙이 친구들 중 모프 (= 품종) 로 부를 만한 게 적다고 생각하며 , 굳이 말하자면 크레스티드 게코의 릴리화이트 정도 (달마시안이나 가고일 게코의 레드스트라이프 등은 여기에 포함될 수도 있다). 그 외에는 모두 야생에도 존재할 가능성이 있는 컬러와 패턴이라는 점에서 '품종' 으로 성립되지 않을 수도 있다고 본다 .
자절	도마뱀이 스스로의 의사결정에 따라 외부에서 모종의 힘을 주어 꼬리를 잘라 내버리는 것 . 레오파드 게코 등은 무엇보다 외부의 힘이 가해지지 않은 상태에서 자절하는 사례가 적은데 , 도마뱀붙이 친구들은 본문에서 언급했다시피 알 수 없는 이유로 자절하는 경우가 적지 않다 .
천공	대부분의 성숙한 수컷 도마뱀 개체에서 볼 수 있는 총배설강의 조금 위쪽에 있는 분비기관이다 . 각 비늘의 가운데에 구멍이 뚫린 것처럼 보이거나 , 비늘 안에 비늘이 하나 더 있는 것처럼 보이는 경우도 많다 . 양 뒷다리가 붙어 있는 곳에서 반대쪽까지 다리처럼 연결돼 있으며 , 일본어 'ㅅ' 모양의 비늘이라고 표현하기도 한다 . 성숙할수록 더욱 눈에 띄게 되며 , 분비물이 굳어 붙어있는 경우도 많다 . 암수 판별의 귀중한 단서 중 하나이며 , 도마뱀붙이 친구들은 물론 , 레오파드 게코 등과 비교하면 눈에 띄지 않는 종이 대부분이다 .
공우성유전	영어 표기는 codominant . 유전 형질 중 하나로 우성유전보다 더욱 영향력이 강하다고 봐도 무방하다 . 우성유전인 모프는 기본적으로 자식에게 50% 의 확률로 자신의 특징을 유전한다 . (예 : 노멀 + 우성모프 A=50% 노멀 & 50% 모프 A). 그리고 공우성은 그 모프끼리 교배하면 그 특징을 더욱 강하게 지닌 개체 (부모와는 다른 모습의 개체) 가 25% 의 확률로 나오고 , 그 개체는 슈퍼 개체로 불리며 '슈퍼 ○○○' 라는 이름이 붙는다 (예 : 레오파드 게코의 슈퍼 맥스노우 등). 도마뱀붙이 친구들은 크레스티드 게코 중 릴리화이트가 이 유전형질에 해당한다 . 다만 그 유전에 관해 아직 불명확한 부분도 많아 레오파드 게코 사례가 모두에게 들어맞는다고는 할 수 없다 .
폴리제네틱	다인성유전 . 부모 형질 (컬러나 패턴 등) 이 자식에게 높은 확률로 유전되는 것을 의미하고 , 그 성질을 가진 타입은 더욱 특징이 뚜렷한 개체 번식을 거듭하면 할수록 그 특징이 강조되는 경향이 보인다 . 예를 들어 가고일 게코의 레드 스트라이프 무늬와 크레스티드 게코의 달마시안 패턴이 있으며 , 특징이 뚜렷한 부모를 통해 번식을 목표로 하는 사람이 적지 않다 .

Q & A

| Question & Answer |

Q 파충류 사육 경험이 없는데도 키울 수 있을까요?

A 키울 수 있습니다! … 라고 말하고 싶지만, 사육하는 사람에 달려 있습니다. 정말 "도마뱀붙이를 키우고 싶다!" 라고 생각하신다면 잘 키울 수 있습니다. 모든 반려동물이 그렇지만, 주변의 의견에 휩쓸려 사육을 시작하거나, 쉬워 보여서라는 이유로 사육하는 사람은 실패하는 경우가 많습니다. 첫 도전인 경우 가능한 한 성체부터 시작하면 좋을 것입니다. 최근 레오파드 게코 사육과 비교하는 사람이 많은데 전혀 … 까진 아니어도 온도나 식성 등 차이가 크므로 참고할 만하지 않으니 주의하세요.

Q 수명은
얼마나 되나요?

A 물론 종류나 산란 횟수 등에 따라 차이가 있는데, 크레스티드 게코는 약 15년, 리키에너스 등 대형 종은 20년 이상 사는 경우가 많습니다. 다만, 개체에 따라 다릅니다. (인간도 모두가 100 살까지 살지 않습니다). 그리고 이것은 저의 개인적인 생각인데, 사육자가 개체의 수명을 좌지우지한다고 생각합니다. (사육 방법에 따라 다름). 잘못된 방법으로 키우면 수명은 줄어듭니다. 그리고 너무 수명을 신경 쓰는 것도 난센스이며, 그 개체가 자신의 사육 환경에서 오래 살 수 있도록 열심히 키워 주세요.

Q 핸들링하고 싶은데
어떤 개체든 상관없나요?

A 촉감을 사육의 매력 중 하나로 들었듯이, 도마뱀붙이 사육의 매력은 핸들링 할 수 있다는 점이 크다고 생각합니다. 그러나 100% 가능한지 묻는다면 그렇지 않습니다. 개체별로 다르고, 가끔 매우 겁이 많아 도망가는 개체도 있습니다. (크레스티드 게코와 사라시노룸 게코 중에 많습니다). 그런 개체를 무리해서 만지면 스트레스를 받아 꼬리를 자르거나 일찍 죽을 가능성이 있으므로 각 개체의 성격을 이해하고 신중하게 핸들링해 주세요. 러프스나우트 게코는 따로 설명했듯이 핸들링은 최대한 하지 않는 게 좋습니다.

Q 키친타월이나 펫시트를 바닥재로 써도 되나요?

A 필자는 대부분의 생물 사육 시 키친타월, 펫시트 사용을 찬성하는데, 도마뱀붙이에게도 사용 가능하다고 봅니다. 특히 유체는 본문에서 언급했듯이 바닥재의 오염이 죽음으로 직결될 가능성이 있으므로 키친타월 등을 활용해 간단하게 관리해도 좋습니다. 다만, 펫시트는 대형 종이 만일 깨물어 버렸을 경우 흡수 폴리머 소재를 먹을 위험이 있으므로 펫시트 자체에 먹이 냄새가 배지 않게 주의해야 합니다. (냄새가 배면 물어뜯을 가능성이 있습니다). 키친타월은 종이로 되어 있어 먹어도 큰 문제가 없으나, 흡수 폴리머는 대량으로 섭취할 경우 체내에서 팽창하고 쌓여 최악의 경우 개복수술을 해야 할 수도 있습니다. 그런 의미에서도 대형 종을 키울 때는 사용하지 않는 편이 무난합니다.

Q 여름에 에어컨 없이도 키울 수 있나요?

A 자주 하는 질문입니다. 거주 지역이나 각 가정의 형태(통기성) 등에 따라 크게 다르므로, 간단하게 Yes / No 로 답할 수 없습니다. 우선 사육하는 방의 기온(특히 여름철 최고 기온) 파악부터 시작해 에어컨 외의 냉각 용품을 사용할지 한여름에만 에어컨을 사용할지 등 의사결정을 내려야 합니다. 30℃ 이상인 시간이 길다면 제일 더운 1~2 개월 정도로도 괜찮으니, 에어컨으로 관리하는 것이 좋습니다. 야간에 기온이 내려간다면 그때 도마뱀이 더위에 지친 몸을 쉴 수 있으므로, 낮에 다소 온도가 높더라도 잘 견딜 수도 있습니다.

Q 여러 마리를 함께 키우고 싶은데 가능할까요?

A 어려운 질문입니다만, 상처 하나 없이 키우고 싶다면 합사는 피하는 게 좋습니다. 암컷끼리라면 사육장이 너무 작지 않은 이상 가능하지만, 물론 개체끼리의 궁합도 있고 먹이 다툼을 하다 실수로 서로를 깨물 가능성도 있습니다. (꼬리를 물리면 잘릴 가능성이 큽니다). 무리 생활을 즐기는 습성이 전혀 없으므로 단독 사육을 기본으로 하되 번식할 때만 2 마리, 혹은 3 마리 정도를 함께 키우는 것을 추천합니다. 우선 입양할 파충류 숍에서 상담하세요.

Q 물어요?

A 물론 입이 있으니, 뭅니다 …. 일부러 짓궂은 답을 하려는 게 아니고 언제든 물릴 수도 있다고 생각하는 편이 안전합니다. 도마뱀붙이 친구들은 잘 물지 않는다고 생각하는 사람이 많은데 필자는 '꽤 무는 도마뱀' 이라고 생각합니다. 특히 배고플 때는 어떤 종이든 자주 뭅니다. 크레스티드 게코는 이빨이 작고 가느다랗기 때문에 물려도 별일 아니지만, 가고일 게코나 차화 게코는 이빨이 날카로워 손에 상처를 입을 수도 있습니다. 리키에너스의 경우 제대로 물리면 피를 보게 될 것입니다. 모두 사육장에 손을 넣고 개체를 잡으려고 할 때, 혹은 청소할 때 불의의 사고를 당하는 사례가 많으므로 불안한 사람은 얇은 가죽장갑을 먼저 착용해 주세요 (리키에너스 사육자는 필수입니다). 목장갑은 섬유가 이빨에 걸리므로 피해 주세요. 한번 손에 올려놓은 개체가 그 손을 깨물 가능성은 적습니다.

Q 여행으로 1주일 정도 집을 비울 때 어떻게 하면 되나요?

A 계절에 따라 다릅니다. 우선 온도 조절이 중요합니다. 특히 기온이 높아지는 시기나 몹시 추운 시기라면 설정을 완화해서라도 에어컨을 틀어 두시는 것을 추천합니다. 먹이는 2~3 개월 이하의 유체가 아니라면 1 주일 정도 먹지 않아도 큰 영향은 없습니다. 불안하다면 슈퍼푸드를 만들어서 물그릇과 함께 사육장 안에 넣어 주세요 (너무 많이 주면 먹다 남은 것이 상하므로 정도껏). 가장 피해야 할 것은 가기 전에 많이 먹인 후 떠나는 것입니다. 아무 일도 없다면 다행이지만, 부재중일 때 너무 많이 먹은 나머지 게워 내면 대응할 수가 없습니다. 외출 전날 혹은 이틀 전에 평소에 주던 대로 주고, 물그릇의 물을 바꿔주고 적정량의 먹이를 두는 것만으로 충분합니다. 불안하다면 바닥재를 교환하고 물을 평소보다 더 뿌려주는 것은 괜찮습니다.

Q 개체가 자절했습니다. 어떤 처치를 해 줘야 할까요?

A 완전히 (깔끔하게) 자절했다면 그대로 두어도 됩니다. 괜히 무언가 해 주려다가 역효과가 날 수도 있습니다. 굳이 처치한다면, 외부로 드러난 자절 부분의 단면이 감염되지 않도록 청결한 환경을 유지하며 신경 써 주세요.

Q 살이 찐 건지 빠진 건지 어떻게 판단하면 되나요?

A 도마뱀붙이 친구들에게는 다소 어려운 문제입니다. 레오파드 게코 등과 같이 꼬리에 영양을 가득 채워두는 생물이 아니므로 꼬리로는 판단하기 어렵습니다. (차화 게코나 러프스나우트 자이언트 게코는 다소 꼬리가 두툼해지거나 가늘어지기는 합니다만). 확인할 부위는 단순하게도 몸통의 둘레입니다. 그리고 등뼈가 떠 있다면 아무래도 그 개체는 마른 상태입니다. 문장과 말로 설명하기 어려우므로 궁금하신 분은 사진을 찍어 입양한 숍에서 상담해 보세요. 최근 슈퍼푸드가 널리 퍼지면서 보유 개체가 비만이 된 사육자가 늘고 있습니다. 도마뱀붙이가 아니더라도 너무 살이 찌는 것은 수명을 단축하고 산란을 방해하므로 좋을 게 없습니다.

Q 도마뱀이 바닥이나 바닥재에 들어가 있는 경우가 많습니다. 컨디션이 나쁜 것일까요?

A 자주 하는 질문입니다. 특히 크레스티드 게코가 자주 이러는데, 이런 행동은 습기가 필요할 때 자주 보입니다. 자연 속에서는 나무 위보다 땅 밑이나 나무껍질 속이 보습하기 좋은 곳입니다. (땅이나 낙엽 속이 촉촉하므로). 그러니 습기가 부족하면 야생의 습성을 발휘해 바닥에 들어가게 됩니다. 그런 시간이 너무 길어지면 분무 횟수와 양을 늘려보도록 합시다. 바닥에 붙어 있다고 문제가 될 것은 없으나 너무 건조한 상태가 지속되면 활발하게 움직이지 않게 되기 때문입니다.

profile

집필자 **니시자와 마사시**

1900년대 후반 도쿄도 출생. 센슈대학 경영학부 경영학과 졸업. 유소년기 시절부터 낚시와 곤충채집 등 다양한 생물과 친하게 지냄. 학생 시절부터 반려동물 숍에서 일하며 열대어를 중심으로 파충류·양서류, 맹금류, 소동물 등 폭넓은 생물을 취급하고 여러 숍에서 경험을 쌓으며 지견을 넓힘. 그리고 2009년부터 인터넷 숍 Pumilio(푸밀리오)를 만들고 그 이후 2014년 오프라인 숍을 열어 현재도 운영 중. 2004년부터 전문 잡지에 양서·파충류 기사 연재. 그리고 2009년에는 도우쓰(동물) 출판을 통해 『도마뱀의 의식주(医食住)』를 집필 및 발매. 2011년에는 주식회사 피시즈를 통해 『밀림의 보석 독개구리』를 집필, 발매. 2020년에는 『유미류 교과서』를 집필, 발매.

【참고문헌】
· DISCOVERY 도마뱀대도감 (세분도신코사) / 나카이 호즈레
· 크리퍼 (크리퍼사)

· Rhacodactylus -The Complete Guide to their Selection and Care-
(Advanced Visions Inc.) / Philippe de Vosjoli · Frank Fast ·
Allen Repashy

사육 교과서 시리즈

도마뱀붙이 교과서

기초지식부터 사육 · 번식 방법과 도마뱀붙이 종류 소개

초판 발생   2024년 1월 10일
지 은 이   니시자와 마사시
사진 편집   가와조에 노부히로
번   역   장원영
펴 낸 이   최영민
펴 낸 곳   헤르몬하우스
인   쇄   미래피앤피
주   소   경기도 파주시 신촌로 16
전   화   031-8071-0088
전자 우편   pnpbook@naver.com

등록 일자   2015년 3월 27일
등록 번호   제06-2015-31호

ISBN   979-11-92520-75-9 (93490)

MIKADOYAMORI NO KYOUKASHO
@ MASASHI NISHIZAWA 2020
Originally published in Japan in 2020 by KASAKURA PUBLISHING Co.,Ltd.,TOKYO.
Korean Characters translation rights arranged with KASAKURA PUBLISHING Co.,Ltd.,TOKYO,
through TOHAN CORPORATION, TOKYO and BC Agency, SEOUL.